北方蔬菜生产实用技术及实践良法

董　岩　主编

中国农业大学出版社
·北京·

内 容 简 介

本书由承德市农林科学院蔬菜研究所组织编写，将近年来该所在北方蔬菜生产领域的研究示范成果和在生产实践中积累的妙招经验进行分类归纳，完善总结；围绕蔬菜产业提质增效，对北方设施蔬菜、露地蔬菜生产技术进行梳理，将专业术语通俗化，妙招良法实用化。本书是农民朋友在蔬菜生产中解惑释疑的良师，也是提高职业技能的益友。

图书在版编目(CIP)数据

北方蔬菜生产实用技术及实践良法 / 董岩主编. —北京：中国农业大学出版社，2019.9

ISBN 978-7-5655-2269-7

Ⅰ.①北… Ⅱ.①董… Ⅲ.①蔬菜园艺 Ⅳ.①S63

中国版本图书馆 CIP 数据核字(2019)第 185713 号

书　　名　北方蔬菜生产实用技术及实践良法

作　　者　董　岩　主编

策划编辑　张　玉　　**责任编辑**　张　玉

封面设计　郑　川

出版发行　中国农业大学出版社

社　　址　北京市海淀区学清路甲 38 号　　**邮政编码**　100083

电　　话　发行部 010-62818525,8625　　读者服务部 010-62732336

编辑部 010-62732617,2618　　出　版　部 010-62733440

网　　址　http://www.caupress.cn　　**E-mail**　cbsszs@cau.edu.cn

经　　销　新华书店

印　　刷　北京时代华都印刷有限公司

版　　次　2019 年 9 月第 1 版　　2019 年 9 月第 1 次印刷

规　　格　787×980　16 开本　10.75 印张　200 千字

定　　价　35.00 元

编委会

序

承德，地处塞外，是河北特色农业大市，我国北方蔬菜的重要产区之一。天津，是全国先进制造研发基地，北方国际航运核心区，金融创新运营示范区，改革开放先行区。天津与承德山水相邻，守望相助。

自从京津冀协同发展上升为国家战略以来，天津着眼大格局，秉持大胸怀，融入大战略，在协同发展中展现天津作为、做出天津贡献、开拓京津冀协同发展新境界。天津市农业科学院与承德市农林科学院积极开展战略协作，其中，蔬菜板块就是极具代表性的农业科技的“试验田”。

近年来，天津、承德两院科研人员，通力合作，先后在蔬菜新品种试验示范、良种繁育、温室栽培等方面取得显著成绩，为承德现代农业发展注入强大动力，成为两地农业科研领域携手助力乡村振兴、加快一体化进程、建设美丽家园、决战脱贫攻坚、推动农业提质增效、方式转变、结构优化、动力转换的重要载体之一，桥梁和纽带功能日益凸显。

蔬菜产业是农业农村经济发展中最有优势、最具特色、最有活力的重要板块。多年来，承德市委、市政府高度重视蔬菜产业发展，并把蔬菜产业作为引领全市农业经济发展的主导产业之一，多渠道支持，多要素投入，多种模式引领，有力推动全市蔬菜产业蓬勃发展。目前，承德市蔬菜生产面积已突破百万亩，总产量达到420万吨，年均供给京津蔬菜达200万吨以上，成为京津蔬菜市场的重要供应补给基地。

《全国种植业结构调整规划(2016—2020年)》(以下简称《规划》)提出，统筹蔬菜优势产区和大中城市"菜园子"生产，巩固提升北方设施蔬菜生产，稳定蔬菜种植面积。到2020年，全国蔬菜面积稳定在3.2亿亩左右，其中设施蔬菜达到6 300万亩。《规划》描绘的绿色发展蓝图，为承德蔬菜产业更快更好地发展提供了广阔空间。

实施蔬菜产业可持续健康发展的重要途径是依靠农业科学技术的进步，特别是农业领域高新技术的广泛应用，才能实现优质、安全、高效的蔬菜生产。加强蔬菜生产的科学技术普及，提高蔬菜行业技术人员和广大菜农的科技素质和生产技能，是发展蔬菜产业的重要环节。

承德市农林科学院精心组织相关专家学者、科技骨干，结合自身的实践经验，集成我国北方地区蔬菜生产的普惠技术，总结编写了《北方蔬菜生产实用技术及实践良法》。该书面向广大菜农，对北方设施蔬菜、露地蔬菜的生产技术梳理归类清晰，语言表述通俗易懂，实用性和操作性都很强，必将成为蔬菜技术人员和广大菜农的益友，推动蔬菜产业兴旺、助力乡村振兴的良具。

愿大家蔬菜种得好，日子过得更舒心！

是为序。

天津市农业科学院院长

2019年8月

前　言

承德地处塞外，是北方蔬菜重要产区之一。蔬菜产业是承德区域经济发展的重要板块。在京津冀协调发展中，京津两地农业科研部门与承德市农林科学院，积极搭建产、学、研平台，导入前沿科技，强化试验示范推广普及力度，有力地促进了承德蔬菜产业发展。特别是近年来，在承德市委、市政府高度重视和大力支持下，各级政府和农业主管部门，坚持把蔬菜产业作为促进城乡协调发展的重要基础产业来抓，以现代农业科技推广为重点，着力推进蔬菜产业基地规模化、栽培设施化、生产标准化、品种特色化、产品绿色化、服务社会化、经营集约化，取得了积极成效。初步构建起特色鲜明、种类丰富、四季生产、优质高效的现代蔬菜发展新格局，成为全市高效农业中发展最活跃、效益最明显的主导优势产业之一，是产区农民增收致富的重要物质载体。在推进协同发展、深化结构调整、助力脱贫攻坚、实现乡村振兴伟大实践中，具有积极重大的意义。

为推进科研成果转化，更快地推广普及先进科技，更好地调动农民发展蔬菜生产的积极性，承德市农林科学院专家学者、蔬菜研究所科技骨干，通力合作，精心组织，精细筛选，将近三年来蔬菜生产研究示范成果和在生产实践中积累的妙招经验进行归纳分类，完善总结，编写了《北方蔬菜生产实用技术及实践良法》一书。

本书以广大农民为读者对象，从专业角度，着眼宏观格局，围绕蔬菜产业提质增效，对北方设施蔬菜、露地蔬菜生产技术进行疏理归类，力求语言通俗化，专业术语简明化，妙招良法实用化；既是农民朋友在蔬菜生产中解惑释疑的良师，也是提高职业技能素质、助力致富圆梦的益友。它凝结着专家学者和专业技术人员的心血和智慧；体现出科技推动发展、产业助力乡村振兴的导向；激荡着科技英才不忘初心、牢记使命，真情为民的“三农”情怀。

该书在编写整理过程中，得到了天津市农业科学院、北京市农林科学院、承德市农业农村局、承德市现代农业发展促进会、承德市老科协农业分会的大力支持，在此深表感谢。

由于编辑整理工作烦琐，书中难免存在疏漏、不妥之处，敬请业界同仁不吝赐教。

编　者

2019 年 6 月

目录

第1章　茄果类

第1节　辣　　椒

1. 大棚辣椒盛果期防早衰

秋延后大棚辣椒栽培是指通过保护设施使辣椒生产延迟到深秋冷凉季节。此种栽培方式前期高温高湿，中后期温度较低，辣椒生长缓慢，因此在管理上有别于早春大棚。

水肥管理　在浇定植水的基础上，定植后第三天浇缓苗水。随后及时中耕松土，培土封沟，辣椒定植时在沟内培土后把原来的沟变成垄，原来的垄变成沟，但培土不可过高，以13厘米为宜，培土封沟后适当蹲苗，促使根系向纵深发展，达到根深叶茂。此时如水肥过多，容易引起植株徒长，坐果率降低，辣椒对湿度要求不高，若空气湿度经常高于50%～60%，容易引起植株徒长，导致落花落果，门椒坐不住。当第一层果实达到2～3厘米大小时，植株茎叶和花果同时生长，要及时浇水和追肥，每亩施腐熟肥人粪尿500～1 000千克或尿素稀释200～500倍与化肥交替浇施，施肥后应及时进行中耕，可改善土壤的通透性，并提高土壤的保肥能力。

进入盛果期，植株生长高大，发身和结果同时进行。为防止植株早衰，要及时采收下层果实(门椒和对椒)，并要加强浇水，亩用真根5～10千克稀释200～500倍与尿素等化肥交替使用，保持土壤湿润，以利于植株继续生长和开花坐果。

结果后期气温凉爽，日照充足，适合辣椒的生长发育，是辣椒开花结果的高峰时期，所以要加强水肥管理，促进辣椒多结果，增加产量。追肥与浇水交替进行，浇一次清水后，再结合浇水追肥一次，每亩用氮、磷、钾各15%的复合肥或磷酸二氢钾10千克或真根5～10千克，每隔7～8天浇水一次。9月下旬因天气转凉，也可追施稀粪水，往后浇水间隔时间应适当延长。

化学调控 当辣椒初花期生长过旺徒长时，可用多效唑、矮壮素或缩节胺等植物生长调节剂进行化控，为提高秋延后大棚辣椒坐果率，也可用生长素(2,4-D或防落素)处理，保花保果效果较好，2,4-D浓度为15～20 ppm(0.001 5%～0.002%)，上午10时前抹花效果比较好。

整枝 大棚中生长的辣椒，生长旺盛，株型高大，枝条易折，为作业方便和便于通风透光，可用塑料绳吊枝或在畦垄外侧用竹竿水平固定植株，防止植株倒伏。对过于细弱的侧枝以及植株下部的老叶及无果侧枝可以疏剪，以节省养分，有利于通风透光。

2. 秋季辣椒育苗技巧

初秋季节，气温偏高，光照强烈。辣椒育苗在做好种子常温催芽、选用穴盘播种等项工作的同时主要解决高温干旱、大风暴雨、幼苗徒长、预防病虫害等方面的难题就万事大吉了。

种子消毒 先将种子晾晒4小时，然后用磷酸二氢钾溶液消毒，再用清水浸泡8小时左右。捞出后稍晾，准备催芽。

常温催芽 催芽的适宜温度通常在30%左右。把浸泡好的种子用棉布包好，再包一层塑料薄膜。每隔半天将种子用清水冲刷一下，然后再包好催芽，60～70小时即可出芽。芽长约3毫米时(此时称种子露白)播种最好；如果不能及时播种，应将种子放在8℃左右的条件下保留。

穴盘准备 选用专用的育苗介质，每袋可装72孔穴盘12盘，每盘可育苗72棵，菜农可依据自己的需要，计算出所需要的育苗穴盘和育苗介质的数量。把育苗介质混入适量的磷钾复合肥、专用生物微肥和其余微量元素等加水搅拌均匀后，装穴盘整平后(用笔直的木板刮平即可)播种。

预防高温 播种后将穴盘浇透水并结合喷施普力克，此后覆盖地膜保温。此时白天温度应控制在30℃以下，夜间温度在18℃以下，待出苗80%左右时就可揭开地膜。随着幼苗的生长可缩短覆盖遮阳网的时间，这样有利于幼苗生长。

预防干旱 播种出苗后，时刻留意苗床湿度，不要过湿或过干。许多菜农怕苗子徒长而节制浇水造成穴盘过分干旱，毛根失水而受伤，影响以后的吸收能力，形成弱苗，容易感病。所以说要恰当浇水，浇水时间应在晴天的早上为宜。

预防苗子徒长 无论什么作物植株徒长都是因为光照条件弱、光合作用不够，温度高、湿度大造成的。因为夜温高，呼吸作用强，耗费养分过多，再就是氮肥和水分充足造成了苗子徒长。另外，苗子过密互相遮挡阳光，影响光合作用。因此预防苗子徒长应首先避免夜温过高，穴盘内湿度过大；其次是在浇冲施肥时少施氮肥；最后是等苗子长到一定大小时，将穴盘间距拉大，增强通风透光，加强光合作用避免苗子徒长。

预防病虫害　加强病虫害的防治，可在育苗棚设紧密的防虫网；利用害虫的趋性设置黄板诱蚜、诱白粉虱，用蓝色板诱杀蓟马等。必要时要选用药剂防治。

3. 辣椒嫁接成活率高　苗期管理有诀窍

从嫁接开始到辣椒苗明显生长结束，在苗床条件适宜时，大约需要 10 天时间。此阶段如果温度偏高、空气干燥或通风量过大，接穗容易发生萎蔫，会明显降低嫁接苗的成活率。因此，此阶段对育苗床的环境要求比较严格，具体要求和管理要点如下：

温度　此阶段苗床的适宜温度为 25～30℃，最高不超过 32℃，温度过高，辣椒苗失水加快，容易发生萎蔫。温度偏高时，要用遮阳网对苗床进行遮阳。此期间，如果温度长时间偏低，辣椒苗的成活率和壮苗率也较低，一般要求苗床内的最低温度不低于 20℃。为确保苗床的温度需要，低温期要将嫁接安排在晴暖天进行，同时还需要加强苗床的增温和保湿工作。

湿度　此阶段要求比较高的湿度，特别是嫁接 3 天后要保持 90% 以上。在适宜的空气湿度下，嫁接苗表现为叶片开展正常，叶色鲜艳，上午日出前叶片有旺水现象，中午前后叶片不发生萎蔫。一般嫁接后 3 天内不会发生空气干燥现象，如果发生干燥现象，则要在早晨或傍晚沿苗行间浇水，注意不要在叶面喷水，以免污水流入嫁接口内，引起接口腐烂。通常从第 4 天开始，要适当通风，降低苗床内空气湿度，防止发生病害。门窗通风发生萎蔫时，要及时合严棚膜，萎蔫严重时，还要对嫁接苗进行叶面喷水。在通风期间安排上，要先早晚，渐至中午，嫁接苗不发生萎蔫的可全天通风。当苗床开始大通风后，育苗钵容易干燥，要及时浇水，始终保持育苗土不干燥。

光照　此阶段要求散射光照，直射光容易引起嫁接苗温度过高，失水加快，发生萎蔫。在管理上，此阶段白天要用遮阳网对苗床进行遮光，避免强光直射苗床。从第 3 天开始，要逐渐缩短白天苗床的遮光时间，加强苗床内的光照，防止嫁接苗因光照不足导致叶片发黄、脱落以及发生病害等。一般前几天先将苗床遮成花阴，后过渡到不遮阳，如光照适宜，则嫁接苗表现为遮光前后和除掉遮阳物后不萎蔫。

嫁接苗成活至定植阶段，育苗环境与常规育苗方法不同，其区别有以下几方面：

弱苗需加强管理 当大部分嫁接苗转入旺盛生长后，要将苗床中生长不良的弱苗挑出，集中于一个苗床内继续给予适温、遮光和高湿度管理，促其生长。

断茎与抹根 对靠接苗，要选阴天或晴天下午，用刀片将辣椒苗与砧木完全进行共生。断茎后的几天，嫁接苗容易发生萎蔫和倒伏，要对嫁接苗进行适当遮阳。对发生倒伏的嫁接苗要及时用枝条或土块等支扶起来，一般一周后便可转入正常管理。对砧木苗茎上长出的侧枝以及接穗苗上长出的不定根，要随时抹掉。

不要过早摘掉嫁接夹 靠接苗和劈接苗上的嫁接夹不要过早摘掉，留下来保护接口，一般在苗子定植于大田并支架固定后摘掉为宜。

4. 辣椒剪枝保产量

剪枝时间 剪枝以在夏季高温季节进行为宜，一般在 7 月下旬至 8 月上旬进行。此时第一茬果实已采摘完，植株在昼夜温差不大的情况下处于歇枝阶段，所以，剪枝后的增产效果最好。

剪枝部位 合理的剪枝部位应在 4 个大枝上。一株辣椒一般有 4 个大枝，当进入高温季节后，4 个大枝扩生出 8 个侧枝，这时枝繁叶茂影响通风透光，不仅导致果小，而且易掉果、烂果，还会诱发各种病害。如及时剪掉这 8 个侧枝，就使肥力集中于 4 个大枝，株间的通风条件得到改善，减少病害的发生，促使辣椒多结果、结大果。

剪枝方法 要用比较锋利的修枝剪刀剪枝，剪口要光滑，以防剪口招致病虫害或诱发病害。剪枝时，顺手剪去病虫为害严重枝、前期结果过多的下垂枝和管理不当的折断枝。剪下的枝条应集中起来带出园外处理，特别是病虫枝条更不可留在园内。

剪后管理 每亩施用尿素 5～7.5 千克，促进生长和结果。如遇干旱，应结合追肥及时浇水，也可喷施叶面追肥，每 7 天左右喷一次，连喷 2～3 次，每次每亩用尿素 250 克、磷酸二氢钾 150 克兑水 75 千克稀释后均匀喷施。喷施最好选择在阴天或晴天的傍晚进行。此外，剪枝后仍要及时清除杂草和加强病虫害防治。

5. 提高辣椒产量四条措施

整地 辣椒生长期长，根系弱，为使其主体发育健壮，必须有良好的土壤条件和营养条件。定植前深翻土地，施足基肥，浇透水，排灌方便，选好优良品种，并用新高脂膜800倍液拌种（能驱避地下害虫，隔离病毒感染，不影响萌发吸胀功能，加强呼吸强度，提高种子发芽率），整地下种后，要用新高脂膜喷施土壤表面，可保肥保墒，提高出苗率。

苗期管理　幼苗期因地温低，根系弱，应大促小控，辣椒株型紧凑，要合理密植。整个苗期要适时适度浇水、追肥；勤中耕，疏松土壤，调节根秧关系。要喷施新高脂膜，可有效防止地上水分蒸发，苗体水分不蒸腾，隔绝病虫害，缩短缓苗期，快速适应环境，健康成长。

花果期管理　要强花壮果，在花蕾期、幼果期和膨果期，要适时喷施辣椒壮蒂灵，可增强各种辣椒植株营养匹配功能，果蒂增粗，防止落叶、落花、落果，发育快，着色早、果肉厚、色泽鲜艳、辣味香浓。

防治病虫害　常见病害有青枯病、白粉病等，喷施针对性药物加强治理。植株各个阶段要严格注意病虫害的迁入，在每个生长期根据发病情况进行有效的药物防治，同时喷洒新高脂膜以提高药效，使没有发病的部位病菌无法着落。喷施针对性药物加新高脂膜，大大提高农药和化肥的有效成分利用率，不怕太阳暴晒蒸发，能调节水的吸收量，防旱防雨淋。

6. 秋后辣椒巧培管　淡季补缺效益高

常规露天栽培的辣椒采收期从6月开始到11月，长达5个多月。实践证明，秋后辣椒产量虽只占产量的30%～40%，但由于9—11月鲜辣椒处于淡季，市场售价高，销得快，经济效益往往是辣椒旺季上市的3～4倍。因此，要对秋延后辣椒做好田间管理。

降温保湿　秋旱高温季节，要适时引水灌溉，保持土壤湿润。灌水要掌握“一浅、二急、三凉”的原则，即浅灌不漫畦，急灌急排，田水不久留，土凉、水凉、气候凉时进行灌水，一般以午夜12点至拂晓前灌水最佳。另外，可以利用稻草、茅草等作物秸秆覆盖辣椒地畦面，既能降低土温，又能减少水分蒸发，可起到保水保湿和延长辣椒植株使用旺期的作用。如遇多雨天气，要及时清沟排水渍，做到雨停田干，给辣椒创造一个良好的生长环境。

追肥促长　高温季节，结合灌水，追施稀薄人粪尿水2～3次，每次每亩1 000～1 500千克，在灌水后土壤稍干时泼浇，补充肥料的流失，供给植株养分。秋凉后，辣椒生育转旺，结果增多，需肥增加。截至10月底，应追肥3～4次，每亩每次施复合肥 10 千克，可使植株生长旺盛，果实饱满，高产。

护根 后期田间管理要保护好辣椒的根叶，一旦发现病虫害，应及时施用高效低毒低残留的农药防治，不使叶片受损。中耕除草时以采用浅刨和人工拔除杂草，以防止损伤辣椒根系，影响吸收能力。

7. 小尖椒施肥与灌溉技巧

小尖椒一次施氮肥过多，不仅作物吸收不了，还会出现“高脚苗”“烧苗”现象，甚至造成土壤盐分过高，妨碍根系生长。如果土壤过于干旱或雨水过多，会造成植株萎蔫或发生沤根，导致落叶、落花、落果。为了提高小尖椒的产量和品质，应掌握各个环节的施肥浇水技巧。

①整地耕地前，每亩撒施腐熟农家肥 5 000 千克，过磷酸钙 50 千克，硫酸钾 20 千克做底肥。耕翻后整地做畦，最好留 1/3 的底肥在做畦时集中施于埂下，经过浅锄后使粪土掺匀后再起埂。

②栽植时先在畦面上挖 15～20 厘米的小穴，然后带土移栽，填半穴细土，浇满水；第二天上午复浇一次，用细土封满穴。

③定植后到开花坐果前以中耕保墒为主，促进根系发达，为丰产奠定基础。定植后 3～4 天地面发白时进行中耕，但近苗处应浅些，防止苗坨松动。定植后 5～7 天，当茎叶泛绿，心叶开始生长时，应浇缓苗水，追施提苗肥，每亩穴施或沟施尿素 10 千克。土壤见干时，及时松土保墒进行一次细中耕，然后蹲苗，蹲苗时间 10～15 天。

④开花坐果期。门椒开花时适当控制浇水，防止旺长，促进坐果。当大部分植株门椒坐果后，结束蹲苗，浇第二次水，并结合浇水重施一次肥，每亩施尿素 10～15 千克。此后视天气情况，每 7～10 天浇一次水。保持畦面不干为宜。

⑤盛果期若遇到气温较高、蒸发量较大时，一般 5～7 天浇一次水，经常保持畦面湿润状态，以利于果实膨大。浇水宜在早晚进行，遇到热雨（闷热天气，雨后即晴），可浅浇一次水，起“涝浇园”降温作用。小尖椒不耐涝，如田间连续积水，每次超过 4 小时，就会发生萎蔫甚至被淹死现象，因此，进入雨季，要做好排水防涝工作，切实做到雨停田间无积水，积水后应及时排水。

8. 露地辣椒优质丰产巧施肥

坐果前期 此期植株进入旺盛生长期，浇水、施肥要跟上，一般每周浇一次水，随水施肥。每次可施硫酸铵 10 千克或农家肥 800 千克。植株下部的果实要及时采收,尤其是门椒,采收可适当提前。浇水采取少量多次的办法,大雨后及时排除田间积水。雨后天晴,还要及时喷药,防治炭疽病、疫病等病害的流行。

盛果期 盛果期浇水要勤,水量要小,以免影响土壤的通气性。此期正是高温多雨季节,要不断施肥,一般随水施用。大雨过后要及时浇清水,提高土壤的通气性,促进根系呼吸。同时,要在植株基部培土,培土不可过高,以 13 厘米左右为宜。

采收后期 采收后期是辣椒形成第二次产量高峰的时期,需要每隔 7～8 天浇一次水,并随水施入 2～3 次肥。“处暑”时随着浇水,每亩追肥 20 千克磷酸二铵;“白露”时,随着浇水施入 500 千克农家肥;“秋分”时,随着浇水每亩追施 300 千克人粪尿。同时,还要及时摘除辣椒下部的枯黄叶片,去掉内层的徒长枝,以利通风透光。

9. 辣椒烂果病的防治措施

日灼病 日灼病是在高温天气条件下,果实向阳部分受阳光直晒,使果皮褪色变硬,产生灰白色革质状斑,病部表面变薄,果肉组织坏死发硬,后期易被其他病菌侵染,出现黑霉并发生腐烂。防治日灼病主要是要及时浇水,均衡供水,改善田间小气候。

脐腐病 即果实脐部受害,初呈暗绿色水渍状斑并迅速扩大,病部皱缩,后期表面凹陷。常因寄生其他病菌而变黑或腐烂。脐腐病的发生主要是因为高温干旱,土壤水分供应不足,辣椒植株钙元素供应不平衡,导致果实缺钙。另外,偏施氮肥也会影响植株对钙的吸收,导致果实缺钙产生脐腐病。当土壤中含钙量在 0.2% 以下时容易发生此病。防治脐腐病可用 1%的过磷酸钙溶液或 0.1%的氯化钙溶液喷雾。

软腐病 该病发生初期呈水溃状暗绿色斑,后全果软腐,具恶臭味,内部果肉腐烂,果皮变白,干缩后果实一般挂在枝条上,遇外力后即脱落。防治软腐病可用 72%农用链霉素或 50% DT 杀菌剂,或 40%硫酸链霉素可溶性粉剂,或可杀得、加瑞农等药剂交替喷雾,每隔 7 天喷一次,连喷 2～3 次。

10. 科学调控肥水 培育辣椒壮苗

辣椒幼苗对肥水十分敏感,肥料多时易形成徒长苗,子叶脱落,移栽后缓苗期长。施肥过多还易出现肥害,使根系受损,严重时导致幼苗萎蔫死亡。缺肥时易形成老化苗，新根少，茎细节短，开花结果迟且易早衰。水分多时，幼茎纤弱，抗性差，易发猝倒病。苗期受旱，叶片下垂，叶柄弯曲，花芽分化受到抑制。只有科学地用肥控水，才能培育壮苗。在苗期的水肥管理上，主要抓好以下几个技术环节。

第一，要看苗施肥，带肥移栽。苗期追肥：一要看幼苗的长势。二要看苗床的肥力情况，科学调控肥水，培育辣椒壮苗。三要看辣椒品种熟期。早熟品种在肥力中等的情况下要及早追肥，一般在定植前半月左右，每平方米苗床追尿素 25 克。移栽定植前一周，再追肥一次，每平方米追尿素 50 克。这样使幼苗做到带肥移栽，富合营养，增强抗寒能力，缩短缓苗期，促进花芽早分化、早开花、早结果。苗期追肥可撒施也可对水浇施，但应以下午叶片无水、床土干燥时追肥较好。

第二，要适墒浇水，见干见湿。辣椒植株易木质化，幼根怕渍涝，浇水时要把握火候。幼苗叶缘有水珠时说明苗床湿度大。叶片张开度大，叶色鲜绿，说明不缺水。中午强光照时，叶片若不蔫萎说明水分多了，叶片重度蔫萎说明已经受旱。苗期浇水应掌握“四多四少”，即晴天多浇阴天少浇，有风多浇无风少浇，风大多浇风小少浇，高温多浇低温少浇。应做到见干见湿，白天湿夜间干，当天浇当天干。苗期浇水要避用冷水，可将水置于大棚内，待中午升温后再浇。苗床中部适当多浇，苗床两侧适当少浇。

第三，要防止子叶早落。幼苗的子叶保持到 8 片真叶后脱落视为正常现象，过早脱落说明肥水管理不当。幼苗生长过旺，营养消耗过多，子叶易早脱落。遇干旱之后，一次浇水过多，也易造成子叶脱落。寒流突袭，也会致使子叶早落。因此，追肥浇水要特别注意，一防疯长，二防老化，三防冻害。

第四，要低温炼苗，提高抗逆能力。一是刚出齐的幼苗要短时间通风，既调节了棚温，又锻炼了嫩苗；二是子叶张开度小于 60°，表明湿度过低，要停止放风，以防冻害；三是成苗期如叶片有轻度扭曲，要关闭通风口。

辣椒壮苗的标准是苗龄 80 天左右，株高 15 厘米左右，茎粗 0.4 厘米以上，真叶 8～10 片，叶色浓绿，秧苗现蕾达 90%以上，根系发达，无锈，无病虫为害和机械损伤。

11. 辣椒缺钙、镁怎么治

缺钙 植株顶端先表现症状，叶片变小，叶边缘黄化、扭曲，生长点及其附近枯死或停止生长；果实上出现浅褐色凹陷斑，严重缺乏时，褐色区扩大，表现为脐腐病。缺钙的主要原因是施用氮肥、钾肥过量，阻碍对钙的吸收和利用；土壤干燥、土壤溶液浓度高，也会阻碍对钙的吸收。空气湿度小，蒸发快，补水不及时及缺钙的酸性土壤上都会发生缺钙。

补救措施：多施有机肥，配方施肥，增加土壤钙素的含量。发生缺钙时，喷洒络合钙或氯化钙500～1 000倍液或磷酸氢钙500～1 000倍液，其中以喷洒络合钙的效果最好。

缺镁　辣椒缺镁常始于结果期，叶片沿主脉两侧黄化，逐渐扩展到全叶，仅主脉、侧脉仍保持清晰的绿色。一株辣椒上所结的果实越多，缺镁现象越严重。土壤中含镁量低，过量施用钾肥和铵态氮肥，土温低，多雨或干旱、强光等，都可能引起缺镁。

补救措施：增施有机肥，配方施肥，防止过量施用氮肥和钾肥。对于土壤供镁不足造成的缺镁可施镁肥补充，一般用硫酸镁等，每亩用量2～4千克。对于根系吸收障碍而引起的缺镁，应采用叶面补镁来补救。一般可用10%～20%硫酸镁溶液喷洒，每隔5～7天喷1次，连喷3～5次。也可喷施硝酸镁。

12. 辣椒缺氮、磷症的识别及防治措施

缺氮　植株瘦小，叶小且薄，叶片黄化，黄化从叶脉间扩展到全叶，从下部叶向上部叶扩展。开花节位上升，出现靠近顶端开花现象。严重时出现落花落果现象。主要由于前茬作物施的有机肥和氮肥过少或施用作物秸秆和未腐熟的有机肥太多时容易发生。

防治措施：施用堆肥或充分腐熟的有机肥，使用新鲜的有机物作基肥要注意增施氮肥。采用配方施肥技术。土壤板结时可多施一些微生物肥。少量多次的补施氮肥，叶面喷用300～500倍的尿素，外加100倍的白糖和食醋，可以缓解缺氮的症状。

缺磷　苗期缺磷，植株瘦小，发育缓慢；叶色深绿，由下向上开始落叶，叶尖变黑枯死，生长发育停滞。成株缺磷时，植株矮小，叶背多带紫红色，茎细，直立，分枝少，延迟结果和成熟。酸性土壤磷容易被铁和镁固定而失去活性，从而发生缺磷。另外，地势低洼、排水不良、地温低、偏施氮肥，都可能引发缺磷。

防治措施：将过磷酸钙与10倍的有机肥混合使用，可以大大减少磷被土壤固定的机会。育苗期及定植期要注意施足磷肥。发生缺磷时，除在根部追施过磷酸钙外，叶面喷施0.3%磷酸二氢钾溶液或0.5%过磷酸钙浸提液，可以迅速解除症状。

第2节 瓜 类

1. 西瓜、甜瓜膨大期要施磷、钾、钙、镁肥

在西瓜、甜瓜膨大期增施磷、钾、钙、镁肥，能防止裂瓜，增加甜度，促进着色。

在西瓜、甜瓜膨大初期、中期和后期，各叶面喷洒一次 800～100 倍液星朋磷钾一号、星朋钙镁一号混合液，或者 0.1%硫酸镁、0.2%硝酸钙、0.3%磷酸二氢钾混合液，均匀喷施所有的茎蔓和叶片，以开始有水珠往下滴为宜。

另外，在西瓜、甜瓜膨大初期，还要在根部淋施一次 600～800 倍液星朋磷钾一号、星朋钙镁一号混合液，每株淋 0.5～1 千克，均匀淋在西瓜、甜瓜植株根部周围的土壤中，以水分完全渗透土壤中不外流为宜。

2. 西瓜缺钾、钙怎么治

缺钾 植株生长缓慢，茎蔓细弱，叶面皱曲，老叶边缘变褐枯死，并渐渐地向内扩展，严重时还会向心叶发展，使之变为淡绿色，甚至叶缘也出现焦枯状；坐果率很低，已坐的瓜，个头也小，含糖量不高。

补救措施：一是每亩用硫酸钾 5～10 千克（苗期缺钾，每亩 3～5 千克；伸蔓后每亩 8～10 千克）或草木灰 30～60 千克开沟埋施；二是用 0.4%～0.5%硫酸钾溶液叶面喷施。

缺钙 西瓜缺钙时，叶缘黄化干枯，叶片向外侧卷曲，呈降落伞状，植株顶部一部分变褐坏死，茎蔓停止生长。另外，在花芽分化时，进入子房中的钙素不足，容易引起果实畸形。

补救措施：增施石膏粉或含钙肥料，如过磷酸钙等；用 0.2%～0.4%氯化钙溶液叶面喷施；田间覆草以保持土壤湿润，防止西瓜受旱，促进植株对钙素的吸收。

3. 西瓜缺氮、磷症补救要对路

缺氮 西瓜对氮素反应敏感；一株西瓜一生平均吸收 10.118 克氮。缺氮时，植株生长缓慢，茎叶细弱，下部叶片绿色褪淡，茎蔓新梢节间缩短，幼瓜生长缓慢，果实小，产量低。

防治措施：一是每亩用尿素 10～15 千克(一般苗期缺氮，每株 20 克左右；伸蔓期缺氮，每亩 9～15 千克；结瓜期缺氮，每亩 15 千克左右)或每亩用人粪尿 400～500 千克兑水浇施；二是用 0.3%～0.50%尿素溶液(苗期取下限，坐果前后取上限)叶面喷施。

缺磷　一株西瓜一生平均吸收 3.65 克磷；磷可以促进西瓜根系生长，增强根系吸收水肥的能力，提高植株的抗逆性，同时还可以提高果实的品质和种子的饱满度。缺磷时，根系发育差，植株细小，叶片背面呈紫色，花芽分化受到影响，开花迟，成熟晚，而且容易落花和“化瓜”，果肉中往往出现黄色纤维和硬块，甜度下降，种子不饱满。

防治措施：一是每亩用过磷酸钙 15～30 千克开沟追施；二是用 0.4%～0.5%过磷酸钙浸出液叶面喷施即可。

4. 黄瓜全程生物技术套餐

黄瓜是市场上一年到头最为畅销的蔬菜，其种植技术容易掌握，又很受消费者欢迎。因此只要掌握了全程生物技术要领，就可以少用或不用化学投入品。

选择适宜品种　黄瓜品种很多，根据栽培期来选择合适的品种，这点必须注意。为提高产量，选择节间短的和人们喜欢的品种，这点很重要。

整地施足基肥　黄瓜喜好通气性好、保水性强的土壤，可多选用能疏松土壤的有机肥料。这里，我们按照 1 亩地使用 40 千克有益菌微生物生态肥料和 40 千克竹炭生物菌肥，并加红糖 2 千克作为基肥，均匀撒在需要翻耕的地块上，利用旋耕机把以上基肥完全翻埋在土壤中。同时，坚持使用农家肥作基肥，用前一定要做到充分腐熟发酵和无害化处理。

防治土传病害和根结线虫　黄瓜会感染立枯、猝倒、枯萎、根腐等土传病害和根结线虫。除立枯、猝倒出现在苗期外，病状都在生长期表现明显，特别是黄瓜坐果以后的果实膨大期，不过感染病却都是在苗期。因此，土传病害和线虫都重在防而不在治，等到已经发病再治，不但成本高而且效果差。

具体预防如下：①黄瓜育苗时，每平方米苗床混匀黄腐酸 10 克与 15～20 千克营养土(筛细)，1/3 撒于种子底部，浇透底水(底水配方为 15 千克水中放入芽孢杆菌 10 克、根复特 25 毫升、黄腐酸 10 克)，然后播种，再把剩余的 2/3 覆盖在种子上面。②黄瓜出苗子叶展开后，每 15 千克水中加入芽孢杆菌 10 克、根复特 25 毫升、黄腐酸 10 克，搅拌均匀浇根。一周后再浇一次。这两项措施可以有效防止立枯、猝倒病害发生。③黄瓜分苗时，每 50 千克营养土加入黄腐酸 40 克，如果要防治线虫，再加入胶状聚合微生物菌群(胶冻样芽孢杆菌聚合其他微生物菌群)100 克，混拌均匀后放入营养钵内，栽苗后按每 15 千克水中加芽孢杆菌 10 克、根复特 25 毫升、黄腐酸 10 克，搅拌均匀浇根。④黄瓜定植时，之前对已整好的地开沟或挖穴，按每亩地 1 千克(2 袋)生化黄腐酸、4 千克微生物菌剂、2 千克红糖，如果要防线虫再加入 2 千克胶状聚合微生物菌群，掺混适量细土，拌匀后平均分布撒放入沟或穴中栽苗。栽苗后按上述“黄瓜分苗”要求同样配伍调配好药肥水浇根。此举对防治土传病害和线虫危害，疏松土壤，发达根系都极为重要。⑤黄瓜开花坐果期再浇根一次。药肥水配伍是 15 千克水加兰迪多邦 50 毫升、芽孢杆菌 10 克、黄腐酸 10 克。

培植健壮植株 ①黄瓜从秧苗出土、分苗、定植，到定植后在整个营养生长阶段(长茎叶)每 7～10 天对作物喷施一次药肥。黄瓜在定植以前和定植以后的第 1～3 次，每 15 千克水加入植物基因活化剂 10 克、腐植酸 10 克、木醋液 25 毫升；在定植后的第 4 次后，每次 15 千克水加入兰迪多邦 50 毫升、腐植酸 10 克、木醋液 25 毫升，持续使用到坐果后。这些举措对促进黄瓜秧苗生长极其有利，只要坚持做到了，黄瓜的健壮生长和防治病害就有了基本保证。②黄瓜在坐果以后，还应继续坚持每 7～10 天对作物喷施一次药肥，配比是每 15 千克水中加入兰迪多邦 50～100 毫升，先期 50 毫升、后期 100 毫升，腐植酸 10 克，液体微生物肥 50 毫升。其间，每 15～20 天再加施 4～5 次二氧化碳吸收剂，这些措施对预防病害，增加产量，优化品质，提前成熟效果极佳。③每次冲施肥时均要加入生化黄腐酸，与木醋液冲施肥混配或单独使用均可，剂量每亩均加 500 克。这种方法可使土壤疏松，并保证植株在整个生长阶段都根系发达。

5. 怎样提高黄瓜嫁接苗的成活率

越冬茬黄瓜实行嫁接栽培，可提高植株的抗病性和抵御低温冷害的能力。是夺取黄瓜高产的关键措施之一。因此，嫁接苗质量的高低对黄瓜的生长具有十分重要的影响。为了提高黄瓜嫁接苗的成活率，在苗床管理上应着重抓好以下措施。

控制好温、湿度 黄瓜幼苗嫁接后，应立即植入苗床，并随时扣上小拱棚，将四周封严，以利于保温，使嫁接伤口尽快愈合。嫁接后 3 天内，小拱棚内的温度白天应保持 25～30℃，晚上温度保持在 18℃左右，相对湿度保持在 85%～95%；3 天后，逐渐降低温、湿度，温度白天控制在 22～25℃，夜间保持在 12～15℃，相对湿度降到70%～80%。

注意遮阳　嫁接好后，要用草帘及时遮阳，避免阳光直接照射秧苗而引起接穗萎蔫。一般在嫁接后2～3天，可于早晨和傍晚揭开草帘，接受散光照射。中午前后日照强时覆帘遮阳，以后逐渐缩短遮阳时间，增加见光时间，以适应自然光照。一般6天后可不用遮阳，实行全天见光。

适当通风　嫁接3天后，开始进行小通风，并且由小到大，逐渐加大通风量，通风时间也应随着嫁接天数的增加而逐渐延长。嫁接后7天可撤掉小拱棚，转入正常管理，此时应喷75%百菌清500倍液1次，防止病菌侵入。以后要注意经常观察苗情，若出现萎蔫现象，要及时遮光喷水。

及时抹芽　砧木南瓜苗生长点处易萌发新的侧芽，与接穗争夺水分和养分，影响接穗的正常生长发育。因此要不断察看，发现后及时抹除，以减少养分的消耗，促进接穗的正常生长。

适时断根　采用靠接法的黄瓜嫁接苗，在嫁接后10～12天，黄瓜第一片真叶展开时，用刀片从嫁接口下0.5厘米处将黄瓜下胚轴切断，并随时拔出黄瓜根茬。断根时要用草帘遮阳，避免强光照射。

6. 冬季大棚黄瓜管理要点

栽培要点　培育优质耐寒壮苗。耐寒品种主要有奥妮、无刺小黄瓜。其特征特性：是荷兰引进全雌无刺小黄瓜，无限生长型，早熟、植株生长紧凑、长势强，主蔓结瓜，节间短，每节1～2个瓜，节节有瓜，瓜长16厘米左右，连续坐瓜能力强，颜色深绿，富有光泽，口味甘甜，产量极高，耐寒性强，高温高湿情况下坐瓜率高。抗逆性强，高抗霜霉病、白粉病、枯萎病和病毒病等病虫害，无死棵现象，适合秋延迟、越冬、早春及越夏保护地栽培。还有盛冬三号黄瓜。该品种特征特性：为杂交一代，植株生长旺盛，叶片中等，主蔓结瓜，瓜码密、瓜条生长速度快，不歇秧，连续坐瓜能力强，瓜条顺直，皮肉浅绿，味甜，瓜长35厘米左右，畸形瓜率低，商品率高。单瓜重200克左右，抗病性强，双亲均选用抗病亲本，高抗枯萎病、霜霉病、角斑病和白粉病，耐低温，弱光，越冬栽培亩产2.5万千克左右，采收期可达200天以上，适宜温室大棚早春、秋延及越冬茬栽培。

肥水管理　2月中下旬，大部分冬暖大棚黄瓜进入了产瓜高峰期，对肥水的要求量逐渐增加，因此，黄瓜追肥宜在2月底以后进行，一般每亩追施尿素20千克，隔20天进行一次。根据情况，结合浇水，随水冲施腐熟的人粪尿、豆饼水。同时，每隔 10～15 天，结合病害防治，进行根外追肥，可以喷施浓度为 0.2%的磷酸二氢钾溶液或用糖、尿素、磷酸二氢钾、水按 1∶1∶0.2∶100 的比例配制的糖氮液或 500 倍的喷得宝营养液。2 月底 3 月初，再施 1 遍二氧化碳气肥，可明显防止植株早衰，提高抗逆性，延长结果期。到中后期，浇水次数和浇水量也应增加，但一定要根据实际情况进行，以防地温下降过多，一般保持浇水后低温不低于 15℃为宜，预防秧苗徒长。除及时揭开覆盖物，加大通风量，延长通风时间，增强光照等措施外，可喷矮壮素来抑制。矮壮素还能增强秧苗的抗寒性和抗病能力，但浓度不要过大。

温度调节 3 月以后，外界气温逐渐升高，此期要充分利用揭盖草帘和开闭通风口来调节棚内温度，使棚温白天保持在 26～30℃，早晨拉帘前保持在 12～14℃，以利于黄瓜正常生长。提高整枝落蔓，使植株高度保持在 1.3 米左右，南低北高，以利受光。具体方法是，将黄瓜茎基部的蔓落下，盘在地面上，使黄瓜生长点位于 1.3 米左右的高度，保持整个棚内黄瓜顶端基本在一个平面，并摘掉老叶、病叶、每株保留 20 片以上的有效叶即可。

合理采摘 成品瓜一般每株黄瓜保留 2～3 个正在膨大的瓜条为宜，长势强的可多留晚摘，弱的可少留早摘。

病虫害防治 此期黄瓜易发生的病害主要有霜霉病、角斑病、灰霉病、白粉病，虫害主要有蚜虫、白粉虱、斑潜蝇等。以上病虫害应以预防为主，综合防治。育苗管理中每周进行一次药剂防治处理，采用广谱的杀菌剂百菌清、多菌灵、可杀得等药剂进行轮换使用。阴雨天气推荐施用烟熏剂代替喷雾防治，可以取得较好的效果。

7. 棚室黄瓜增产有五方

叶面喷肥 在苗期喷 0.3%的尿素水溶液，能促苗早发。也可喷 0.5%的硫酸亚铁溶液，促苗健壮，使叶色浓绿。在 7 叶时喷洒 0.2%的硼酸液可保花保果；在大量结瓜时，喷洒 0.3%磷酸二氢钾和 0.5%的尿素混合液进行补肥。

喷洒鸡粪液 黄瓜喷洒鸡粪液，不仅可以补充氮磷钾和微量元素的不足，还会刺激作物生长发育，促使早熟早产，增强抗寒、抗旱、抗病性。据实验表明，在黄瓜生长期喷施鸡粪液 3 次，可增产 15%左右。其方法是，取干鸡粪 3 千克，兑水 50 千克，浸泡 5～7 天，充分发酵后，滤去残渣，进行叶面喷洒。在第一条黄瓜手指粗时开始喷洒，亩用液 30～40 千克，每次喷洒间隔 10 天，在下午或傍晚喷洒。

人工辅助授粉 在黄瓜开花后进行人工辅助授粉，把采下的雄花蕊对准雌花蕊的柱头，轻轻涂抹几下，可减少黄瓜脱落和化瓜的现象，增加坐果率，使黄瓜增产。

人工去雄　在结瓜盛期，5 天左右去雄一次，留 5%～10%的雄花，结果初期去雄间隔可长些，6～7 天去一次。黄瓜去雄可以减少养分消耗，促进植株生长，增加产量。

摘心　对生长势弱的侧蔓在坐瓜后摘心，对生长旺盛的侧蔓整理利用，可增加坐瓜群体，增加产量。

8. 黄瓜巧吊蔓助增产

众所周知，黄瓜茎蔓木质部不发达，如果不及时进行吊蔓，其茎蔓就会匍匐在地上，造成很多不利影响。因此，适时吊蔓是提高黄瓜产量的一项重要措施。

很多菜农认为在黄瓜有 5 片叶时就要吊蔓，否则黄瓜的顶端优势发挥不出来，影响产量。其实，这是错误的。笔者经实践证明，黄瓜没有早吊蔓，而是等黄瓜有 6～7 片叶时才吊蔓，不仅黄瓜植株健壮了，而且结果时间也提前了。

具体方法　吊蔓要在黄瓜龙头向下弯时进行。吊蔓时，先用垂下的吊绳轻轻在黄瓜植株中缩一个活扣(切不可缩在中部或上部，因为此时植株中部和上部非常嫩，很容易勒伤植株)，然后围绕植株缠上两周，以防止活扣松动导致茎蔓继续匍匐在地上。由于茎蔓趴在地上过久会生出不定根，因此在吊蔓前一天应用刀片把茎蔓上的不定根全部割断再吊蔓。另外，吊蔓应在晴天上午进行，因为晴天茎蔓含水量少，吊蔓时不易折断茎蔓。

9. 大棚黄瓜防疯长

防止大棚黄瓜疯长主要采取以下措施：

合理密植　棚室黄瓜应适当稀植，并加强肥水管理。定植密度应根据品种、地力、季节而定，一般每亩定植 4 000～4 500 株。

适时浇水　浇水要控两头促中间，即结瓜期以前，以中耕保墒提高地温为主，做到见湿见干；结瓜期每隔 7～10 天浇一次水，每次浇水应在摘瓜前进行，以控制疯长；顶瓜收完后控制浇水，促新根发生。回头瓜膨大时及时浇水。

合理追肥　在保证土壤氮素供应的前提下，适当多追磷、钾肥，追肥用液态形式，以水带肥。一般根瓜膨大前亩追尿素 15～29 千克，硫酸钾 10 千克，磷酸二铵 15 千克，以后每收两次追一次肥。中后期随水追腐熟粪稀 2～3 次，每次每亩 1 000 千克左右。

控制温度　黄瓜生长发育的适宜温度为 25～30℃，超过 30℃植株生长加快，容易疯长。因此，棚室温度白天应控制在25～30℃，不宜超过30℃，夜间温度保持在18℃左右，以降低呼吸作用，增加干物质积累。

控制湿度 黄瓜生长发育适宜的空气湿度为60%～80%。当棚内湿度超过85%时，应立即通风排湿；傍晚气温在10～15℃时，通风1～2小时，以降低夜间低温湿度，防止疯长，控制病害，促进开花结果。

看秧绑蔓 瓜蔓长到30厘米左右时，开始绑蔓。第一次直立绑架上，瓜蔓生长旺盛时，可左右弯曲绑架，弯曲度和松紧度依瓜秧的长势而定。如秧旺瓜少时，弯曲度要大，且要绑紧。

激素保瓜 黄瓜结瓜后，植株的营养受到控制。因此，要设法使第一批花多坐瓜。如果第一批花坐瓜少，易导致疯长。据实验，施用保果灵激素100倍液蘸花，喷花，可使黄瓜多坐瓜，且能抱住瓜，促进小瓜迅速膨大。既可提早上市，增加早期的产量，又能有效防止疯长。

看秧收瓜 根瓜对瓜秧有明显影响，根瓜采收较晚时，会使瓜秧生长受到抑制。疯长瓜秧应适当晚摘根瓜，以起到坠秧作用，缓解疯长。瓜秧生长弱时，要早收根瓜，以防坠秧，尽快采取措施促秧生长。

10. 温室黄瓜谨防灰霉病

黄瓜灰霉病几乎每年都要发生，特别是温室蔬菜。进入冬季，如果再遇到低温寡照天气，灰霉病很容易蔓延。黄瓜灰霉病直接为害幼瓜、叶、茎，病菌多从开败的雌花侵入，导致花瓣腐烂，并长出淡灰色的霉层，进而向幼瓜扩展，至脐部呈水渍状，幼花迅速变软、萎缩、腐烂，表面密生霉层。较大的瓜感病时，组织先变黄并生灰霉，后霉层变为淡灰色，被害瓜受害部位停止生长、腐烂或脱落。叶面一般由脱落的烂花或折断的瓜虚附在叶面上引发灰霉病，形成直径20～50毫米大型病斑，近圆形或不规则形，边缘明显，表面生少量灰霉。烂瓜或烂花附着在茎上时，还能引起茎部腐烂，严重时还能造成瓜节腐烂致蔓折断，最后植株枯死。

经过长期观察，温室黄瓜灰霉病发生也有规律可循，黄瓜结瓜期是该病侵染和烂瓜的高峰期，发病适宜温度18～23℃，最高30～32℃，最低4℃，当温室内湿度达到85%以上时，叶片结露时间长，放风不及时，灰霉病就容易发生。病菌以菌丝或分生孢子及菌核附着在病残体上，或遗留在土壤中过冬。越冬的分生孢子随气流、浇灌及农事操作进行传播蔓延。

防治方法 在日常农事操作时，在整枝打叶时，应随时捡起脱落的败花、干叶，掐断的瓜茎应随时收集带出棚外，对已感病的叶片、病果、病花应及时摘除，并带出棚外深埋。

遇到持续连阴天气，也应拉起草苫，适当通风。并于傍晚在棚内燃放烟雾剂，或10%速克灵烟雾剂防治，每亩用250～350克，分放5～6处，傍晚用暗火点燃，闭棚过夜，次日早晨通风，隔6～7天再熏一次。

药剂防治　可选用50%速克灵可湿性粉剂1 000～1 200倍液，50%农利灵可湿性粉剂1 000倍液，40%施佳乐悬浮剂800倍液，40%嘧霉胺可湿性粉剂600倍液，50%扑海因可湿性粉剂600～800倍液喷雾，7～10天一次，连续3～4次。

灰霉病特别严重时，还可用50%凯泽750倍液加上2.5%适乐时悬浮剂4 000倍液蘸果花，凡是蘸过花的黄瓜基本不得灰霉病，不但效果好，而且安全，瓜农朋友不妨一试。

11. 如何防黄瓜变畸形

畸形黄瓜主要表现为：

尖头瓜　形成主要原因为：黄瓜单性巩固弱且开花期雌花没有受精，造成果实尖端营养不良。防治办法为在黄瓜开花期创造良好的授粉条件，如放蜂、人工授粉等。此外，植株生长早期氮肥供给不足，使植株茎秆细而坚韧，也会产生尖头瓜。防治办法为施入尿素等含氮量高较高的肥料。

大肚瓜　形成主要原因有：①黄瓜雌花受精不全，只在瓜的先端产生种子，导致先端果肉组织肥大，呈大肚瓜头。防治办法为创造良好的开花授粉条件。②植株缺钾而氮肥过量。防治办法为施硝酸钾、草木灰等，或用0.3%的磷酸二氢钾液喷洒叶面。③黄瓜生长前期缺水，此后期大批供水。防治办法为生长期均衡供水。

曲折瓜　形成的主要原因是：①黄瓜生长期间，受高温、高湿及不良气候等因素的影响。防治办法为取一牙签，扎在曲折瓜部位的黄瓜蔓上，紧接着浇一遍水，次日瓜条即可伸直，此时再将牙签拔出，黄瓜仍能正常生长。②黄瓜在生长过程中，受外物拦截而不能正常舒展。防治办法为坐瓜后，去掉拦截黄瓜生长的外物，使黄瓜正常生长。

蜂腰瓜　形成的主要原因是：黄瓜雌花授粉不全，授粉后植株营养物质供给不足，干物质积攒少，以致形成蜂腰瓜。防治办法为加强营养，特别是坐瓜期加大肥水量，保证充分的养分积攒。

12. 谨防黄瓜产生枯萎病

为害症状　黄瓜整个生长期都可能发病，但以抽蔓和结果期发病最盛。苗期发病，两片叶子表现不均匀的黄化，并萎蔫下垂，扭曲畸形，根和根茎处多腐烂变褐并收缩，植株生长停滞，严重的整体萎蔫枯死，进而发生猝倒现象。土壤潮湿时根茎处产生白色茸毛状物，为病菌的菌丝体和分生孢子。多数病株从开花结果期开始显症，病株生长缓慢，下部叶片发黄，逐渐向上发展，开始作物萎蔫下垂，似缺水状，但萎蔫状早晚恢复，后萎蔫叶不断增多，逐渐遍及全株至整株枯死。到后期，主蔓茎部纵裂，纵切病茎可见维管束变褐，湿度大时病部表面现白色或粉红色霉状物，即病原菌子实体。有时病部溢出少许琥珀色胶状物。茎基和根部变黄褐色，腐烂、极易从土中拔起。

防治技术　实行以轮作倒茬为主的综合防治措施。药剂防治：发病初期拔除病株烧毁，病穴用生石灰和福尔马林消毒。对其植株进行药剂灌根，用10%的双效灵水剂200倍液；50%多菌灵可湿性粉剂500倍液；枯萎灵600倍液；70%敌克松400倍液；25%抗枯宁500倍液；50%甲基硫菌灵可湿性粉剂400倍液；60% DTM可湿性粉剂350倍液或0.01%的农抗灌根，每株灌兑好的药液0.3～0.5升，隔7～10天灌一次，连续防治2～3次。还可用75%百菌清600倍液或36%的甲基硫菌灵400～500倍液叶面喷施。另外，可用腐霉利涂抹、灌根或喷雾来防治。喷施叶面宝、绿风95、必多收、磷酸二氢钾等叶面肥，可明显提高植株抗性。

13. 黄瓜为何会“镶金边”

在黄瓜主产区内发现一普遍现象，黄瓜植株中上部叶子的边缘发黄，像镶了金边，但叶片组织并不坏死。菜农往往误认为这是喷施农药过量造成的药害现象。其实，黄瓜叶子镶金边的现象是由于施用氮肥种类不当引起的生理障碍所致。

在生产上施用氮肥中，氮的形态有所不同，如硝铵为硝态氮，碳铵为铵态氮，尿素则为酰胺态氮。这三种氮肥中，黄瓜对硝态氮最情有独钟。有人曾做过黄瓜的营养液培养试验，当培养液中的硝态氮占90%时，黄瓜茎叶鲜绿，生长量也大，对钙、镁的吸收量均高；但培养液中硝态氮只占10%时，黄瓜生长量下降80%，吸收钙量下降69%，吸收镁量下降52%。黄瓜“镶金边”就是因为土壤中铵态氮过多，阻碍了黄瓜对钙的吸收引起的病态。施用铵态氮过多还会发生一系列其他病态：①叶色由深绿变成暗绿，叶面似有蜡油光发亮；②叶肉突起，叶脉相对下凹；③叶缘下卷，叶子中部隆起，呈降落伞状；④生长点萎缩，心叶下弯，迟迟不展，一旦展开比其他叶子明显小，顶部叶片明显急剧缩小；⑤根色发锈、根尖部钝齐呈截头，严重时出现烂根、死苗。出现这种现象就是铵态氮施入后易被土壤吸附，提高了土壤溶液浓度。而硝态氮施入后，不易被土壤吸附，因而土壤溶液浓度升高不多。因此，黄瓜施用硝态氮是防止生理病害，保证生长的重要措施。在出现“镶金边”情况时，叶面喷施0.5％过磷酸钙溶液或0.4％的氯化钙溶液2～3次，能有效增强植株的生活力。

14. 黄瓜出现“黄头”防控技术

大棚黄瓜缺乏锌铁会产生“黄头”，建议在基肥中要注意使用微肥，利用植物本身光合作用迸发出的高能电子与植物电子极性感应原理，提高细胞分裂、分子合成和营养匹配消化水平，加速新陈代谢频率，激活植物营养疏导系统产生超越肥效。如每亩施硫酸亚铁约2千克，硫酸锌1～2千克。

症状出现后，及时喷施含锌、铁＋植物细胞免疫因子，提升植物抗逆性，可使病毒DNA断裂凋亡。强大免疫功能，诱生干扰素和活性细胞介素，抑制残余病毒复制，促进植物正能量生态生长。以寄生植物抗病机理及利用病菌性变异原理，控制植物生理性病害和侵染性病害繁衍，可缓解此症状。

根系受伤造成的“黄头”，建议减少浇水量，要浇小水，冲肥以养根护蔓的生物菌肥、腐植酸肥＋新高脂膜600～800倍液为主，防止病菌侵染，提高自然抗灾能力，使黄瓜根系尽快恢复正常生长，从而促使叶片转绿。

15. 黄瓜细菌性角斑病的防治

夏季是黄瓜细菌性角斑病的高发期，该病主要侵染黄瓜的叶片、瓜条、茎蔓等部位。

降湿防病 该病在气温18～26℃、相对湿度70％以上易发生。通风条件差的地块，应适当降低种植密度。在进入雨季前，低洼地块要做好防涝、排水的准备工作。要适度整枝打叶，改善田间通风条件。

及时喷药 单发生细菌性角斑病时，可用77％可杀得可湿性微粒剂400倍液或72％农用链霉素可溶性粉剂4 000倍液喷洒。细菌性角斑病和霜霉病同时发生时，可用47％加瑞农可湿性粉剂600～800倍液或60％乙膦铝可湿性粉剂500倍液。要轮换使用，注意所用农药的间隔期。

16. 越冬黄瓜套种苦瓜的栽培

选用良种 黄瓜宜选用耐低温弱光、高抗霜霉病、抗枯萎病等多种病害的高产优质品种。如津优 32 号、中农 21 号、津绿 21-8、津旺 6 号、博耐、兴科 8 号等。苦瓜选用苗期耐低温弱光、结果期耐高温高湿、高抗炭疽病和细菌性角斑病等多种病害的中早熟和早熟高产优质品种。要求果色油绿、果肉较厚、瓜条顺直、瓜长 25～30 厘米、适于夏秋季装箱贮运。

适时播种 播种期的推算方法:①越冬茬黄瓜从播种至结瓜初盛期约需 92 天;历年开始销量较大幅度增加,且价格也显著升高的时期在大雪前后 10 天,即 12 月 2—12 日。因此,9 月 5—12 日为越冬茬黄瓜的适宜播种期。②苦瓜在播种后 175 天进入结瓜初盛期,历年销售价高出黄瓜 1 倍,且苦瓜批售量显著增大时期在立夏前后 10 天,即 5 月 1—10 日。因此,上年的 10 月 17 日为越冬茬黄瓜棚内套种越夏苦瓜的适宜播种期。

17. 定植黄瓜和套种苦瓜

嫁接后 10～12 天,嫁接黄瓜苗断根 7～10 天,黄瓜苗 4～5 片真叶的定植。定植前南北向做畦,畦距 120 厘米,畦间沟呈 V 形,沟宽 35～40 厘米、深 25 厘米,畦面呈弓形。每菜畦定植双行,在畦面上按小行距 40 厘米开宽 15 厘米左右、深 8～10 厘米的浅沟,顺沟浇水。按株距 33～37 厘米将黄瓜苗定植在浅沟里,并使嫁接口高于畦面,然后覆盖宽 130 厘米的银白色地膜,破膜放苗,并用土封严膜口。10 月 17—27 日在黄瓜植株南北向间隔 2～3 米开穴,浇水后点播苦瓜。播前 2～3 天,将种子用 55～60℃热水搅拌浸泡 30 分钟,再用 25～30℃温水浸泡 48～72 小时,捞出后直接点播,每穴 3～5 粒,覆土 2～2.5 厘米厚。出苗后每穴留 1 棵壮苗。

18. 黄瓜缺素症状及防治

缺铜节间变短,全株呈丛生状,初期幼叶变小,老叶脉间失绿,后期叶片呈暗绿色到褐色,并出现坏死,叶片枯黄。失绿是从老叶向幼叶发展。防治方法为每亩施 1～2 千克的硫酸铜做底肥;叶面喷施 0.3%的硫酸铜倍液。

缺钼通常在沙质土、酸性土和连作严重的土壤中发生较重。植株缺钼的早期症状与缺氮相似,叶脉间轻微变黄,后期叶面凹凸不平,浓淡相间,且有枯死斑出现,叶缘卷曲或叶片枯萎,新叶扭曲。防治方法为多施有机肥,在酸性土壤上施用石灰中和土壤酸度。基施钼肥，应急时可叶面喷施 0.02%～0.05%的钼酸铵水溶液。

19. 黄瓜种子快速发芽的方法

温汤浸种法　将种子投入 55～60℃温水中不断搅拌，处理约 10 分钟，待水温降到 28～30℃，浸种 4～6 小时，淘洗干净后进行催芽。

药剂消毒法　用 0.1%的多菌灵盐酸液浸种 1 小时，清水冲洗后，再用清水浸种 4 小时，即可浸种催芽。

种膜剂处理法　有些黄瓜种子在出售时已经由制种单位用含杀菌剂和多种微量元素的种膜进行了处理，用种膜剂处理有良好的杀菌效果。经处理的种子可直接浸种催芽，也可直播。种子经消毒处理后，捞出清洗一遍，去水甩干，用布包好，置于 27～30℃下催芽，催芽过程中要常翻动种子，使种子受温均匀，经 24 小时左右便开始出芽，种子露出根尖时，温度可适当降低，维持 22～26℃，经两天左右可以出齐。如在发芽后恰遇阴天不能播种，则可用湿毛巾将种子包好放在 10℃左右冷凉处，抑制幼芽继续生长，这种做法叫"蹲芽"。

20. 黄瓜缺钾、镁、硼症怎么补救

缺钾症　叶缘出现轻微黄化，接着叶缘枯死，随着叶片生长叶向外侧卷曲。

防治措施：及时补施钾肥，在补施钾肥的同时应与补铁同时进行。

缺镁症　黄瓜下部叶片叶脉间的叶肉逐渐失绿变黄，进一步发展，除了叶缘有一点绿色外都变黄，严重时上部叶片也从内侧变黄。

防治措施：增施有机肥，配方施肥，避免偏施氮肥造成土壤呈酸性影响钙、镁的吸收。缺镁时可叶片喷施 1%～2%的硫酸镁等，注意补镁的同时应结合补钾补锌。

缺硼症　缺硼时生长点坏死，花器发育不完全，叶、茎、果停止生长，叶缘黄化，黄化部分较宽，果皮上有裂纹。

防治措施：增施厩肥，不要过多地施用石灰，合理浇水。及时补充硼肥，可使用螯合硼系列，避免单一施用硼砂类的肥而造成对土壤伤害。

21. 黄瓜苗期控旺长

黄瓜苗期控旺可以使用植物生长调节剂，黄瓜秧长到半架时，因考虑使用调节剂会影响花芽分化和后期结果，所以建议通过调控环境和肥水来控制其生长势。

首先应拉大昼夜温差。黄瓜出现徒长时，首先应调控好棚内的温度。一般情况下，白天应将棚内温度控制在25～30℃，夜间12～15℃，温差保持在15℃左右较为适宜。

其次应注意控水控肥。黄瓜定植前，施用的底肥中包括大量的氮肥，定植后到结果前一般无须再追肥。还可以将生长过旺的黄瓜秧头弯下来，使其生长点向下，降低其顶端优势，促进黄瓜秧营养向黄瓜中运输，减慢顶端的生长，达到控旺增产的目的。

22. 黄瓜促生“回头瓜”增产新技术

黄瓜“回头瓜”是指主蔓黄瓜采收末期，在植株侧枝上结的瓜。在生产中正确识别和利用黄瓜结“回头瓜”这一特性，可促使侧蔓结瓜，有利于提高产量，增加收益。下面为大家介绍黄瓜促生“回头瓜”增产新技术：在黄瓜进入结果期后，应及时补充肥水，保持植株健壮生长。在主蔓瓜生长期间叶面喷肥，用0.2%的尿素加0.3%的磷酸二氢钾，5～7天喷1次，这是促生“回头瓜”的关键。

在主蔓结瓜数量减少时，减少浇水量，一般每10～15天浇1次水促进“回头瓜”生长。在“回头瓜”膨大期间，应及时追肥浇水，促进“回头瓜”的生长，提高产量。在“回头瓜”坐住后，每亩追施尿素20千克，每3～4天浇1次水。黄瓜前期以主蔓结瓜为主，对植株中上部的侧蔓上的瓜，应在瓜上方留2片叶后摘心，当主蔓达到棚室顶部时，及时将主蔓摘心，促进“回头瓜”生长。

23. 以南瓜苗作砧木　大棚黄瓜可高产

品种选择　应选用抗寒、抗病性强、生长势强、产量高、又有市场前景的优良品种。目前生产中表现较好的品种有津春3号、改良津春2号等。

嫁接育苗　嫁接时应掌握在苗高8～9厘米，南瓜秧真叶初露，黄瓜苗第一片真叶初展时，尽快嫁接。一般采用靠接法，嫁接前一天应对黄瓜苗喷一次药，嫁接时，先将两种苗从苗床陆续取出，以南瓜苗作砧木，从子叶下1厘米处自上而下呈25°角下刀，将割茬对好，夹上嫁接夹。南瓜苗应置于嫁接夹的外部。

嫁接后管理　将嫁接的苗按10厘米×10厘米的间隔栽到整好的苗床上，边栽边浇水，注意不要把水洒到接茬上，埋土后白天应控制在27℃左右，晚上不超过14℃，移苗后拉上草帘，调节棚内光线强度，每6天用百菌清、代森锌、甲基托布津400～500倍喷液一次，嫁接后10～15天，将黄瓜苗断根后6天开始移栽拔出。同时，注意苗情变化，用拉放草帘调节棚内光照和温度。

定植管理　①施肥。每亩可施腐熟的厩肥 2 500～3 000 千克，磷肥 100 千克，复合肥 50 千克，钾肥 100 千克，施肥后翻土做畦。做畦以畦面宽 1.2 米为宜，高畦整地，平整好，喷除草剂后盖地膜，3 天后定植。②及时定植。定植的最佳时期是嫁接黄瓜苗成活后 6～7 天，定植时按株距 27 厘米，每畦栽 2 行的株行距密度进行。定植时将苗子第一片真叶面向阳光一面，浇一遍缓苗水，5～7 天后用 800 倍敌克松药液浇一次，然后用土将定植孔四周压紧。栽后用小拱棚覆盖，闭棚 5～7 天，以利于缓慢返青。

定植后的管理　①温度。一般晴天保持白天 25～30℃、夜间 13～15℃，阴天保持白天 20～22℃、夜间 10～13℃，昼夜最少要保持 10℃以上温差。随着气温的下降，要逐渐减少通风量。12 月下旬夜间开始出现霜冻，要逐渐加盖草苫。植株在进入盛瓜期前，一定要控制好夜温，防止旺季化瓜。立冬后，气温下降快，日照变短，应尽量延长见光时间，早揭苫、晚盖苫。12 月至次年 1 月，是一年中最冷的季节，应注意保温。晴天白天从上午 10 时到下午 2 时，室温均应控制在 25℃以上，甚至可达 32℃；夜间最低气温控制在 8～10℃，同时应注意防止徒长。②肥水。黄瓜甩蔓后到来年 2 月下旬一般不浇水，有缺水旱象可在晴天上午的垄间膜下浇小水，并在 3 天后排湿；2 月下旬后进入收瓜盛期，植株需肥水量增大，每隔 10～15 天浇 1 次水，并每次随水亩施尿素 10 千克或硫酸铵 20 千克，瓜长到 10 厘米左右，喷洒 1%白（红）糖溶液加 0.4%磷酸二氢钾混合液每 6 天一次，使瓜条直而且口感好，还增加产量。结瓜盛期，施二氧化碳固体气肥，每平方米 10 克。

及时插架、绑蔓、落秧　黄瓜长至 6～7 片叶时，应及时吊蔓，基部出现侧枝应及时去掉，以免影响主蔓结瓜。中部出现的侧枝要在坐瓜前留 2 叶摘心，以利于坐瓜。对下部开始失去功能的老叶、病叶要及时打掉，把蔓下降，以利于改善室内光照条件。当主蔓长到架顶时就要打顶，促进多结回头瓜。

24. 大棚黄瓜栽培技巧

品种选择　早春大棚生产黄瓜以选择耐低温津春 4 号、长春密刺、新泰密刺等品种为宜。密刺类黄瓜品种，适宜春大棚早熟栽培。

床土准备　播种前配制好营养土。营养土可选用大田土（最好是葱蒜土或草炭土）6 份，腐熟的有机肥 3 份，腐熟的马粪 1 份，在营养土中加适量的过磷酸钙、磷酸二铵。黄瓜根系再生能力弱，应采用塑料钵育苗，将准备好的营养土在温暖处堆放7～10天后装钵，营养土面离钵口1～1.5厘米，预先摆好营养钵，覆盖1～2层地膜以提高地温，如果地温过低可采用电热线加温。

浸种催芽 将挑好的饱满黄瓜种子放在55℃温水中温汤浸种搅拌至水温30℃左右时，浸泡6～8小时，这时种子吸足水分，然后捞出种子沥干水分，用湿布包好置于28～30℃的条件下催芽。催芽过程中要翻动2～3次，使受热均匀，增加透氧量，防止发霉。种子露白时将其放于－1～0℃低温下12～24小时，提高幼苗抗寒力。种子发芽后选择晴天播种。

播种技术 黄瓜播种时要求5厘米深地温不低于15℃，否则出芽慢而不齐，易发生烂籽现象，播种时浇透底水，每个营养钵放一粒种芽、将种子芽端朝下插入营养土中，覆盖经过消毒的营养土1.5厘米厚，然后覆盖地膜保温保水。

培育壮苗 出苗前白天温度保持28～32℃，夜间17～20℃，出苗后及时揭去地膜，白天降到22～25℃，夜间降到15～17℃。苗期地温尽可能保持在20～23℃，适当通风，降低温湿度，第一片真叶展开后，采用大温室育苗，昼夜温差保持在5～8℃，如遇阴雨天气，应采用白炽灯或日光灯补光，春季气温低，黄瓜雌花多，因此不需用乙利剂增加雌花。定植前7～10天进行炼苗，白天温度23～25℃，夜间10～13℃，适应外界气温。定植前1天喷洒1次75%的百菌清，苗龄期为25天。

25. 西葫芦结瓜期的管理

摘叶 随着植株不断生长，叶片逐渐增多，容易造成田间郁闭，通风透光性差，湿度大，容易侵染病原菌，导致病害暴发。因此，西葫芦进行合理摘叶，是十分必要的。葫芦的摘叶应视植株的长势而定，长势旺的可以多摘叶，弱的则应少摘，以保证田间通风透光良好为准。为了避免茎秆受伤后难以愈合，建议只去叶不去柄，因叶柄粗、脆，从基部摘除叶片，茎部容易出现大的伤口，不易愈合，叶片则可全部或大部摘除，这样可促使叶柄更快地干枯脱落。此外还需注意，摘除叶片时最好要有几个连续的晴天，有利伤口愈合，不易感染病害。摘叶后可喷施链霉素4 000倍液或加瑞农600倍液，预防病害侵染。

抹瓜 时间差别过大，容易导致弯瓜、大头瓜增多。在西葫芦开花前一天或开花当天上午9～11时抹瓜最好。棚室栽培西葫芦，幼苗发育时期多处于短日照、低夜温的环境条件下，利于雌花形成，一般长至3～4片真叶时就有雌花发生，甚至节节有雌花，一节多个雌花。过多的雌花任其生长发育，必然消耗大量的有机营养，影响植株和幼瓜生长，引起大量落瓜，使产量严重下降。因此，必须及早疏除，以减少营养竞争，促进坐瓜。疏除雌花数量的多少，应依据瓜秧长势而定。长势弱者，应先疏除根瓜，以后再每三节左右留一雌花；瓜秧长势健壮的可留下根瓜，但应及早采收，以后每二节左右留一雌花。

落蔓　结瓜后期，植株高大，有些甚至超过 2 米，给采摘、喷药等管理带来不便，要注意适时落蔓，落地的茎蔓可用土埋压，促进其新生不定根，提高根系吸收水肥的能力，延缓植株衰老，提高后期产量。

26. 西葫芦田间管理注意什么

西葫芦对氮、磷、钾的需求以钾最多、氮次之、磷最少。春夏季气温较高，西葫芦生长旺盛，若氮肥过多，很容易导致西葫芦徒长，营养生长和生殖生长失调，引起化瓜。因此，春夏之交的时间西葫芦追肥一定要注意少施氮肥，以高钾复合肥为主。

西葫芦不耐高温，高温干旱不仅会降低产量，而且还会诱发病毒病。温度较高，若通风和浇水不及时，很容易造成高温干旱，致使病毒病发生。另外，温度高西葫芦容易徒长，引起化瓜。因此，春夏之交田间干旱时要及时浇水，浇水后适时中耕松土。

西葫芦在栽培过程中要注意随时去除侧芽和侧枝，在结瓜盛期要防止结果太多而坠秧，一般以 2 叶 1 瓜为适宜留果量进行疏果。在结瓜后期要及时打去老叶、病叶，以促进通风透光。

27. 花期巧管西葫芦

精心管护，实施人工授粉。西葫芦的第一个花一般是雌花，第二个花一般是雄花，雌花开一般在早晨 4～6 点，上午 9～11 点可见雄花散开，这时是授粉的最佳时段。授粉时，首先应查看雄花是否产生了花粉，可用手指抹一下雄花花蕊，发现手指尖上有黄粉末，就是有成熟的花粉，然后将雄花取下，去掉花瓣，对准雌花的柱头轻轻摩擦，使柱头受粉均匀，否则容易长成畸形瓜。把握恰当时机，巧用调节剂抹花。在空气湿度相对较大或是棚室内没有雄花，而且每个枝蔓的叶腋都生雌花（这种情况即一叶一瓜），此时就需要用调节剂处理促使坐瓜。现在常用的坐瓜用调节剂主要有 2,4-D 或保果宁等。

使用调节剂涂抹幼瓜，要选择晴天上午 9～10 时进行涂抹。具体方法：用一支毛笔蘸药后，第一笔快速在柱头上涂抹一下，第二笔在幼瓜身上由尾部向瓜长把的方向轻轻涂抹一笔即算完成。另外要注意：一是调节剂使用时，温度高时使用的浓度要低些，温度低时浓度配比应稍大些；二是西葫芦的瓜秧长势旺，用药浓度应大些，长势弱时，浓度要小些。调节剂使用时，应加入适量的红、蓝、黑颜色，作为一种有色标志，来区分蘸花与否（一只花只可涂抹一次，不应重复或多抹），涂抹的最佳时间应在雌花开放时和前一天，但应注意，不要在阴雨天和下午进行，因为这样做一是效果不好，二是坐果率太低，另外还特别容易生长成畸形瓜。

据菜农使用后反映，2,4-D 与保果宁相比较，保果宁的安全性好于 2,4-D。其一方面是不易发生毒害和畸形瓜；二是保果宁本身含有防治灰霉病的药物成分，不仅使用后能促使蘸花早坐瓜，还能防止灰霉病的发生。

28. 谨防西葫芦变畸形

西葫芦产生畸形果的原因有：

水肥不足 坐瓜初期不足易形成尖嘴瓜，中期不足易形成细腰瓜，后期不足易形成细腰歪把瓜。若中期肥水过猛又易形成大肚瓜。

授粉不良 花粉分布不均，使授粉不足的部位呈凹陷状。温度过高或过低都会影响光合效率，使制造的营养不足，抑制果实发育。

防治措施 ①满足水分要求。西葫芦需肥水较多，吸肥力较强。一要施足底肥，二要氮、钾配合及时追肥，每一批瓜采后要追肥一次。田间水分前期以控干为主，结果期要保持湿润管理。②进行人工授粉。每天上午 8～10 时正值雄花开放高峰期，要摘取雄花，去其花冠，将花药轻轻投于雌花的柱头上，一朵雄花可授三朵雌花，空气湿度较大时授粉效果较好。③要注意调控温度。西葫芦适宜的温度范围为 15～38℃，生长发育的最适温度的范围为 18～25℃。因此要根据气候变化情况调节揭盖膜的时间，特别要针对其对温度的要求进行变温管理，这样更有利于积累养分，减少消耗。

29. 苦瓜高产栽培要点

苦瓜果实富含维生素 C，高于番茄，且含有一种糖苷而具有特殊苦味，是受欢迎的保健蔬菜之一。种植苦瓜病害轻、成本低、产量高、效益佳。苦瓜的高产栽培技术主要有以下三个要点：

选用良种，适期育苗 种苦瓜要选用高产、高效、优质的杂交良种。如长白甘瓜、大白苦瓜、粤丰一号、碧绿二号、绿宝石等。日平均气温稳定在10℃以上时播种育苗。争取适时早播，以延长营养生长期。用营养杯（袋）育苗，选背风向阳、近水源、苦瓜栽培管理方便的园地做苗床。先用50～60℃的温水浸种，催芽露白即可点播，根尖朝下，轻轻按入营养土中，并搭好40～50厘米拱形竹架，盖上薄膜保温保湿，防寒育壮苗，移植前一周揭膜炼苗。

施足基肥，适期移栽　基肥一般用腐熟农家肥1 500千克、磷肥25千克、钾肥10千克，将以上肥料混合均匀后施入穴中，然后盖上一层薄细土。播种前先整地、畦宽2米，每畦植两行，行距120厘米，穴距40厘米。一般亩植1 100～1 400株为宜，在幼苗3～4片真叶时移栽，移栽3～5天施淡人粪尿水做"出嫁肥"。

搭架引蔓，适期追肥　当幼苗开始抽蔓时采用人字形竹架，开始爬蔓时应人工进行绑蔓引蔓上架，引蔓上架后将蔓茎部40厘米以下抽出的侧蔓摘除，并适当摘除过密老叶及上部细弱侧蔓，通风透光。追肥以水肥为好，做到勤施薄施，促苗早生快发。开花结瓜后，要追肥一次，一般亩用复合肥20～25千克，在摘瓜期应每隔7天追肥1次，可延长收瓜期。

30. 种植苦瓜抓好田间管理

要想提高苦瓜产量，田间管理很重要，应抓好以下关键技术。

中耕除草培土　一般定植浇过缓苗水之后，待表土稍干不发黏进行第一次中耕，如果遇大风天或土壤干旱，则可重浇一次水再中耕。第二次中耕，可在第一次中耕后10～15天进行，这次中耕要注意保护新根，宜浅不宜深。每次中耕可结合施一些农家肥，如饼肥、各类禽毛和腐熟鸡粪、猪粪等。搭架后，当瓜蔓伸长达50厘米以上时，根系基本布满全行间，一般就不宜再中耕了。但要注意及时拔除杂草。在第一次中耕时，若发现缺苗或弱病苗，要及时补栽，以保全苗。

搭架和整枝　当幼苗长到29厘米左右时，需进行搭架引蔓。搭架的方式有平棚架和人字架两种。平棚架通风透风好，结瓜多，产量高。平棚架又分连栋平棚架和分栋平棚架。连栋平棚架一般是在瓜行中，每隔3～4米竖一木桩，上面用小竹子、小木棍或尼龙为网等将整块田的木桩连成一片，棚顶离地面约2米；分栋平棚架一般是以每行瓜为一个棚，棚高1.5～2米。搭架都要力求牢固，以避免风吹倒塌，而损伤瓜苗，影响产量。前期要注意人工绑蔓，辅助瓜秧上架。苦瓜上架后，主蔓50厘米以下不能留瓜，应把雌花摘掉以利于整体发育。待主蔓坐稳6～7个瓜后，留5～6片叶打顶，同时摘除其余子蔓、孙蔓。

肥水管理 苦瓜生育期长，采收期大约3个月，因此要保证水肥供应充足，特别是进入盛果期，如遇干旱应每天浇一次水。浇水之后应结合穴施尿素或复合肥每亩7～10千克，如遇连阴雨，应注意排涝；同时叶面喷施磷酸二氢钾2～3次。

病虫害防治 苦瓜病害主要是炭疽病，多于中后期发生。防治应及时摘除残、烂、病叶。还可用50%托布津800～1 000倍液于发病初期每天喷雾防治，虫害主要有蚜虫、菜青虫，可用敌杀死乳剂1 000～2 000倍液或40%乐果乳油1 500倍液叶面喷洒。

及时采种 一颗苦瓜上的果实，是相继成熟的。结瓜盛期，要每天采摘一次成熟的种瓜；采摘时用剪刀，以免撕伤瓜蔓。同时剔除杂株杂瓜，选留颜色、瓜形一致的留种，要做到当天采摘，当天洗净晾晒，确保种子发芽率。

31. 苦瓜高产栽培措施

播种育苗 苦瓜的种子皮厚而坚硬，不易发芽，一般在播种前5～7天进行浸种催芽。

苗床管理 播完种子后要封严塑料薄膜或玻璃窗，使床内温度升高到30～35℃，以利于出苗。出苗后，即应降低温度，白天保持在25～30℃，夜晚可保持在15～20℃。

水肥管理 一般在播种前要浇足底水，在整个苗期便不一定再浇水，尤其是采用育苗床育苗的，一般可不必浇水。当苦瓜定植以后，水肥管理特别重要。在开花前，幼瓜期、膨大期要及时喷施壮瓜蒂灵，能使瓜蒂增粗，强化营养定向输送量，促使瓜体快速发育，瓜型漂亮，汁多味美；生长周期不落花、不落瓜、无裂瓜、无畸形瓜。

32. 冬瓜生长重管理

做好种子处理、配制营养土等育苗措施，培育无病虫健壮瓜苗。

幼苗管理 包括苗床温度调节与炼苗，调节湿度，调节空间与幼苗施肥技术等。

大田栽培管理 整地选地：最好选择前作不是瓜类作物，排水良好，富含有机质的壤土种植。移苗定植：当冬瓜长到2～3片真叶时即可移栽，定植规格为0.7～0.9米，双行植。

肥水管理 冬瓜需肥量大，应施足基肥，结瓜后重量达4～5千克时，应重施追肥；瓜蔓上架后，需水量逐渐增多，要注意经常淋水，保持土壤湿润，下雨期间应注意排除积水。

整蔓压蔓　应及时摘除侧蔓，在坐果前把所有侧蔓摘除；当瓜蔓长到 60 厘米时，在 6～7 节位上用新土压蔓，隔 4 节位再压一次。搭架引蔓：以棚架法或骨架龙根法搭架。人工授粉与留瓜、吊瓜：采用上午 8～9 时人工授粉，在主蔓第 18～30 节位上留瓜，在瓜长到 2 千克时及时吊瓜。打顶：一般在留瓜后的第 8～10 节位摘心打顶及将侧蔓摘除，促进果实生长。

病虫害防治　以防治疫病、枯萎病和蓟马等为主。

33. 黑皮冬瓜抓紧防治病毒病

秋植黑皮冬瓜由于气温高，天气干旱，很适宜病毒病活动和传播病毒的蚜虫、蓟马、飞虱繁殖，所以黑皮冬瓜感染病毒病容易偏重发生，出现卷叶、束头、缩顶等现象，生长点萎缩，幼果不能膨大，叶片越来越小，畸形瓜增多，必须抓紧防治。

具体方法　注意检查黑皮冬瓜的叶片和生长点，发现叶片扭曲畸形，生长点萎缩，就要叶面喷洒 600 倍 0.5％菇类蛋白多糖、1 000 倍 10％吡虫啉、1 000 倍天然芸薹素混合液，或 800 倍 50％氯溴异氰尿酸、1 000 倍 5％啶虫脒、1 500 倍圣农素螯合肥混合液，或 800 倍 1.8％辛菌胺乙酸盐、1 000 倍 0.5％二甲基二硫醚、1 500 倍氯吡脲混合液、或 500 倍 5％宁南霉素、1 000 倍 0.5％苯氧威、1 000 倍植物细胞分裂素混合液进行防治，每 7～10 天喷洒一次，连续喷洒 3～5 次，均匀喷湿所有叶片，以开始有水珠往下滴为宜，这样就能消弱和抑制病毒活性，杀灭病毒和传播病毒的害虫，使感染病毒病的黑皮冬瓜恢复正常生长。

34. 丝瓜高产栽培要诀

丝瓜因其质脆味甜深受人们喜爱。夏丝瓜 4 月下旬至 7 月上旬种植，6—10 月上市，其栽培方法如下：

品种选择　选择耐热、早熟、丰产的品种。

选地　夏丝瓜对土地没什么特殊要求，只要前作不是瓜类的就可以种植。

整地播种　由于夏季雨水多，夏丝瓜整地要深沟高畦；畦沟宽 1.6 米，畦面宽 1.2 米。夏季温度高，出苗快，一般直播就可以。播种前浸种 3～4 个小时，或催芽 24 小时。单行双株，穴距 30～40 厘米，每穴放 3～4 粒种子，盖土 1.5 厘米，盖上纱网，淋水。出苗后，每穴留苗 2 株。

肥水管理　苗期淋粪水 2～3 次，初花期重施追肥，每亩施 50 千克复合肥或

50千克花生麸，每采收2～3次，追肥一次，每次每亩用复合肥15千克，尿素10千克，钾肥5千克。苗期水分不能太多，太多不利于根系生长。抽蔓开花期需水较多，晴天要早晚淋水，采收期除淋水外，沟内要保留10～20厘米的水层，雨天要及时排水。

田间管理 ①插竹引蔓：当蔓长30厘米时用竹竿插架。插架后不要马上引蔓，要适当窝藤、压蔓，有雌花出现时再向上引蔓，并使蔓均匀分布。②吊瓜：丝瓜弯曲时，要吊瓜，用小绳一头绑瓜蒂，一头绑一小石块，把绳拉直，一般摘瓜前2～3天进行。③摘除老叶：采收后期，下面的老叶、病叶影响通风，又易传播病害，要及时摘除。

及时采收 夏丝瓜从种到初收35～45天，采收期50～60天，自花开放到采收商品瓜10～12天。

35. 避免丝瓜空棵应提前摘心

摘心是丝瓜管理中的一项重要工作，与丝瓜产量的高低有着直接的关系。有些丝瓜长势弱，特别是在低温季节，经常发生空棵坐不住瓜的现象。其原因就是没有采取摘心的办法。有的菜农在管理丝瓜时采用了空棵前就早摘心的管理方法，后期丝瓜获得了很高的效益。现将具体做法介绍如下：

植株长到7～8片叶片时吊蔓，长到11～12片叶，营养生长比较旺盛时摘心。摘心后，侧枝萌发速度变慢，茎蔓营养积累充足而粗壮，侧枝萌发以后就可留瓜，可每两片叶留一个瓜。丝瓜有了前期的养蔓，就不会出现空棵断茬现象，丝瓜的产量就能提高。

丝瓜提前摘心的方式非常可取。传统的摘心方法是在主蔓生长有13～15片叶时先留瓜后摘心，一般在采收3～4个果实后就发生茎秆细弱，生殖生长过剩而营养生长不良的现象。所以不得不采用空棵的方式养蔓，从而保证营养生长与生殖生长的平衡，也有的采用5片叶留一个瓜的方式来养蔓。但仔细分析，这种空棵养蔓，多叶养瓜的方式实际并不可取，因为其严重影响了结瓜期丝瓜的连续结果。

36. 大棚丝瓜巧管理

调节好温度和光照 丝瓜在整个生长期都要有较高的温度，生长适宜温度为20～24℃，果实发育适宜温度为24～28℃。15℃左右丝瓜生长缓慢，低于10℃生长受抑制。在管理中，白天大棚内温度应保持在25～30℃。夜间温度保持在18℃

左右。在丝瓜抽蔓前，可利用草苫适当控制日照时间，以促进茎叶生长和雌花分化。在丝瓜开花结瓜期，要适时敞开草苫，充分利用阳光提高温度，以利于开花坐瓜。

适时浇水追肥　丝瓜苗期需水量不大，可视墒情适时浇小水1～2次。当丝瓜蔓长5厘米左右时，结合培土，每亩追施磷酸二氢钾30千克，浇大水1次。丝瓜开花结瓜期在5月中旬，气温较高，一般每7～8天浇1次水，同时每亩追施5千克尿素。

搭架绑蔓，植株调整　丝瓜蔓最长可达8米，当蔓长25厘米左右时需搭架。为减少架杆占据空间和遮阳，一般用铁丝或尼龙绳等直接系在大棚支架上，使其形成单行立式架，顶部不交叉，按原种植行距和密度垂直向上引蔓。丝瓜蔓上架后，每4～5片叶绑1次，可采用S形绑法。同时，注意要及时落蔓。由于丝瓜本身抗病性较强，落蔓上的叶子可不必摘掉。

保花保果　用2,4-D、防落素、丝瓜顺直王的混配液蘸花，可减少落花，显著提高坐瓜率。一般直接把花在药液中蘸一下，这样成熟的丝瓜顶部也会带着新鲜的花朵，商品价值较高。蘸花工作应在上午8时左右进行。

病虫害防治　丝瓜的主要病害有炭疽病、疫病、灰霉病，可用多菌灵、百菌清、多霉灵等农药进行防治。害虫主要有瓜蚜和白粉虱等，可用鱼藤精、扑虱灵等进行防治。

37. 南瓜如何种植产量高

南瓜亦名金瓜，是老幼皆宜的保健食品。南瓜秧的嫩尖、花及果实中所含的营养素、防病抗癌的种类、数量都比其他蔬菜和水果多得多。含纤维素和维生素C也很高，是提高全身免疫功能、防治细菌病毒感染、保持血管良好弹性、预防细胞癌变不可缺少的物质。

近年来市场上南瓜畅销，南瓜常常开花多结果少。其原因为光照不足、氮肥过量、授粉不良等诸多因素。种植时要着重抓好以下几点：

施足基肥　南瓜生长需要大水大肥，种植时必须施足基肥，在生长期保证充足的肥水供给。

适时打顶　当南瓜蔓长到2米时，摘取主蔓上的生长点，使主蔓长出3～4个支蔓，并开花结果。

搭撑棚架　当枝蔓长到2米以后，引蔓上架，这样可以改善透光、通风条件，从而使坐瓜率提高40%以上。

防止徒长 瓜蔓徒长会造成结瓜少，如在蔓上距根部30厘米处开一裂缝，塞块黑木炭，便能抑制徒长。

辅助授粉 先将快开放且可授粉的雌花，用瓜叶覆盖，防止雨水侵入，次日早晨9点，摘去变异株上的雄花罩在雌花上，2～3天后再除去。

后期埋茎 南瓜生长到后期，利用蔓节长出的不定根，采取埋茎的方法，可提高产量20%～40%。埋茎时间在结果2～3批、根部出现部分黄叶时进行。一般埋距离根部最近的4～6节，埋茎土以肥沃土壤并拌有少量有机肥、湿润为宜，土深应掌握在15～25厘米。

38. 薄皮甜瓜整枝三法

整枝摘心是甜瓜管理重要的技术措施，是栽培成败的关键。因为甜瓜主蔓生长较弱，侧蔓的长势却十分旺盛，且薄皮甜瓜一般以子蔓、孙蔓结果为主。为调节甜瓜茎蔓的生长，生产上常采用摘心、整枝、打杈等技术，控制茎蔓的营养生长，促使早结瓜，早成熟。生产上瓜农可采取以下三种方法进行整枝。

双蔓整枝 适用于温室、大棚甜瓜吊蔓栽培。主要方法是：主蔓二叶一心至三叶一心时掐尖，在下部留两条健壮子蔓吊起，每条子蔓上保留一个瓜，瓜前选留两条侧枝（孙蔓），每个孙蔓上留3片叶摘心，保证平均有7～9片功能叶促进果实发育。每个子蔓上最多可留4个瓜，全株可留8个瓜。

三蔓整枝 适用于露地及保护地不吊蔓栽培形式。主要方法是：主茎三叶一心至四叶一心时掐尖，每株留三条健壮子蔓。第一条子蔓可在第三个叶片处留一瓜，第二条子蔓在第二个叶片处留瓜。每个子蔓上留3～4个孙蔓，每个孙蔓上留三个叶片后摘心，全株留三个瓜，果实成熟与上市比较集中。全株有叶片50多片，平均每个瓜有17～20片功能叶，保证叶片光合产物满足膨瓜及糖分积累，促进果实正常的生长发育。

四蔓整枝 适用于露地及保护地不吊蔓栽培形式，主要特点同三蔓整枝。方法是：主茎四叶一心至五叶一心时掐尖，每株留四个健壮子蔓，第一条子蔓可在第四个叶片处留一个瓜，第二条子蔓在第三个叶片处留一个瓜，第三条子蔓可在第二叶片处留瓜，第四条子蔓在第一叶片处留瓜。每个子蔓上留3～4个孙蔓，每个孙蔓上留3个叶片后摘心，全株留4个瓜。

注意事项 整枝应选晴天露水蒸发后进行，以利于伤口尽快愈合，防止感染。

整枝最好用剪刀，并且准备一块浸有 75%百菌清 200 倍液等药剂的湿润药巾，剪完一棵擦一次剪刀，以防交叉感染。

第3节　茄　　类

1. 种植大棚茄子“四要诀”

育苗特点　种子发芽出土后，最好能使苗床白天保持在 20～25℃，夜温保持在 17℃左右为好。

定植及密度　茄子定植以低温稳定通过 12℃为宜，有保护设施可适当提前其定植密度，早熟品种行距 50～60 厘米，中、晚熟品种行距 60～70 厘米，株距 40～50 厘米。

田间管理　由于茄子的生育期长，对肥水的要求较高，浇水的原则是，先控后促。一般在门茄坐果前要控制浇水，定植后的缓苗水必要时适当轻浇，浇后即中耕，进行蹲苗。一般需 4～5 天浇一次水，使土壤湿度保持在 80%左右，茄子喜肥，前期供秧保果很重要，缓苗后结合中耕顺沟每亩施入干粪 1 000 千克左右，在对茄四门斗膨大期，各追稀粪或氮素一次。随着果实的采收，可将植株下部的老叶、黄叶、病叶摘除，可减轻病害的发生。主要病害有：苗床期的猝倒病、生长期间的黄萎病、青枯病及结果期的绵疫病。

果实采收留种　早熟品种定植后，经过 40～50 天可开始采收，中熟品种定植后，经过 50～60 天采收；晚熟种定植后，经过 60～70 天采收。果实采收的标准是看萼片与果实相连结的地方的白色(淡绿色)环状带。这条环带宽，表示果实生长转慢，要及时采收。采收的频率增加，可以增加产量。

2. 茄子嫁接苗管理技术要点

嫁接后伤口愈合适温为 25℃左右。

苗床温室　在 3～5 天内白天应控制在 24～26℃，最好不超过 28℃；夜间保持在 20～26℃，最好不超过 28℃；夜间保持在 20～22℃，不要低于 16℃。可在温室内架设小拱棚保温，高温季节要采取降温措施，如搭棚、通风等办法降温。3～5 天以后，开始放风，逐渐降低温度。

保温保湿 保湿是嫁接成败的关键。要求在3～5天内，小拱棚内的相对湿度控制在90%～95%，4～5天后通风降温、降湿，但也要保持相对湿度在85%～90%。

遮光 可用纸被、草帘等覆盖在小拱棚上，阴天不要遮。嫁接后的3～4天之内，要全部遮光，第四天开始早晚给光，中午遮光，以后逐渐撤掉覆盖物。温度低时，可适当早见光，提高温度，促进伤口愈合，温度高的中午要遮光。经过10～15天，接口全部愈合好，撤掉固定夹子，恢复日常管理。嫁接苗砧木经常长出侧芽，应在晴天的上午及时抹掉，以免土表病菌通过伤口侵染。

定植时间 拱棚茄子嫁接苗在3月下旬定植，秋冬室茄子嫁接苗在9月中旬定植，冬春温室茄子嫁接苗在12月中旬定植。

3. 早熟茄子管理要点

春季在塑料薄膜小拱棚覆盖栽培的茄子，开花到果实采收，在适宜的条件下需18～25天，门茄始收期在5月上旬和中旬。果实生长期间，天气已转暖，白天可将薄膜全部揭开，使植株充分见光，但傍晚要盖好。如果夜间温度稳定在20℃以上时，可以不再覆盖。

采取密植整枝栽培方式时，当“四母斗”花现蕾时，在“四母斗”花以上留2片叶摘心，并抹去主茎与第一、第二分枝上的杈子。这样每棵植株上只留门茄、对茄、四母半共7个果实。栽植密度小时，可在“八面风”花蕾以上留叶摘心，每棵植株可留10个果实。

结果期，茄子需肥较多。可在门茄采收后及对茄采收后各追肥一次，每次追肥硫酸铵0.5～1千克，或冲施腐熟人粪尿40～50千克，追肥后及时浇水。

花开后20天左右，当果实充分长大时，其果面接近萼片处已无白色部分即表明果实已充分长大，在其果面光泽尚未褪去时，即可开始采收。因茄子开花结果习性是分批开花，分批结实，所以采收也是分批进行的。茄子果实分2～3次采完。采收门茄时可将基部老叶适当摘除。塑料薄膜小拱圆覆盖早熟栽培茄子采收3～4批果实即可拉秧。

4. 怎样避免长茄弯果

棚内种植的长茄经常会出现弯果，哪些原因可以导致长茄出现弯果呢？

首先，物理挤压造成的弯果。长茄果实在生长过程中，如果果实碰到叶柄或叶片等，会导致长茄发生弯曲。针对这种情况，菜农应及时将长茄果实从叶片或叶柄上移开，以防止发生弯果现象。

其次，温度不适宜等导致花芽分化不良，出现弯果。菜农应注意将棚内的温度控制在适宜茄子花芽分化的 28℃左右，水分供应充足，长势旺盛，以促进植株的花芽分化。

再次，植株长势弱，果实膨大期缺肥或植株发生旺长导致果实生长不良而发生弯曲。如果菜农棚内的长茄植株长势较弱，建议先将植株上的果实疏除，促进植株的生长。当植株生长良好后再促进植株坐果，即可有效地避免弯果的产生；而对于旺长导致的弯果，建议菜农控制浇水，减少氮肥用量，同时使用助壮素、矮壮素等植物生长抑制剂，使植株的营养生长与生殖生长平衡，以预防弯果。

同时，大棚内已经出现弯果的，可以使用低浓度的点花药在弯曲的果实内侧涂药，以纠正果实弯曲，效果不错。

5. 遇到茄子凹凸果应该如何治理

茄子凹凸果又叫空泡果，反季节栽培过程中经常见到，茄子果实为浆果，开花受精后由子房膨大发育而成，果肉则由果皮、胎座和心髓等构成，其中胎座特别发达，由海绵组织组成，用于储藏养分和水分，是供食用的部分。凹凸果从外表上看，表面不光滑，有凹凸感。重量轻，用手捏发软，纵剖后可见果肉和果皮之间有空洞或者空泡。

发病原因是由果实各部分发育不平衡造成的：一是施肥过多，尤其是施用氮肥过量造成过旺。二是土壤贫瘠，温度低，光照不足，生长较弱造成。三是温度管理不当。昼夜温差小，特别是夜温较高造成果实营养储备太少，果实生长不良。四是激素处理不当。浓度过高或者是花太小，处理过早了，导致茄子容易出现凹凸果。

防治方法：①选择果肉紧密、发病概率小的圆茄品种种植。②配方施肥，不要偏施氮肥，浇水也不要忽干忽湿。③正确使用点花药。

总之，茄子果实凹凸果形成原因是果实在膨大过程受阻导致。所以，在茄子结果期，加强各项栽培管理，促进果实的正常生长发育，可降低凹凸果的发病率。

6. 茄子褐纹病的防治措施

茄子褐纹病是茄子的重要病害，整个生育期都会发生。病菌侵染叶片，特别是下部叶片，形成灰白色水浸状圆形斑点，渐变褐色，其上轮生许多小黑点，病菌多从花萼处侵染果实，开始出现浅褐色圆形凹陷斑，并迅速扩大为大型黑褐色、圆形或不规则形病斑，上有许多小黑点，排列成轮纹。病斑褐色、腐烂和着生小黑点排列呈轮纹是病害的典型症状。其为害主要是使病果腐烂、落地或在枝上干枯。幼苗得病在茎基部形成梭形褐色凹陷斑，也长出黑色小颗粒，可造成猝倒。此外，这种病害在茄子运输储藏过程中，还能继续造成大量腐烂。

茄子褐纹病菌是一种真菌，以病残体在土壤中越冬，也可以以菌丝体潜伏于种皮内部或以分生孢子黏附在种子表面越冬。病菌在种子上可存活两年，在土壤中的病残体上存活两年以上。种子带菌可造成病害的远距离传播，同时也是引起幼苗猝倒的主要原因，病菌的分生孢子在田间依靠风、雨、昆虫和农事操作传播。遇到80%以上的高湿度，高温度(气温28～30℃)天气，3～5天就能普遍发生。阴雨天气或在低洼、通风条件差，排水不良、土壤黏重，偏施氮肥或脱肥的田块发病较重。另外，重茬、播种早、定植迟、作物密度大都会加重发病。

防治措施包括：选种抗病的品种；与非茄科蔬菜轮作3年；种子消毒。可用10%的“401”抗菌剂1 000倍液浸种30分钟，300倍福尔马林溶液浸种15分钟或1%高锰酸钾溶液浸种10分钟，然后用清水反复冲洗晾干后播种。也可以用50%苯菌灵可湿性粉剂和50%福美双可湿性粉剂各一份与干细土3份混匀后，用种子重量的0.1%拌种。育苗床土壤消毒。方法是每平方米用50%多菌灵可湿性粉剂或50%福美双可湿性粉剂10克拌细土2千克制成药土，1/3药土撒在苗床上铺垫，2/3药土盖在种子上。加强田间管理：种前将地深耕细耙整平，增施充分腐熟的优质农家肥和复合肥做底肥，避免偏施氮肥；结合定植拔除病苗，密度适中，保证植株间通风透光；采用地膜覆盖起高垄栽培和膜下灌水，降低田间湿度；发现病株、病果及病叶及时拔除(摘除)。并带出园外烧毁或深埋。药剂防治：苗期可用75%百菌清可湿性粉剂、70%代森锰锌可湿性粉剂、58%甲霜灵锰锌可湿性粉剂、50%克菌丹可湿性粉剂500倍液或40%甲霜铜600倍液喷雾防治。结果期可使用50%克菌丹可湿性粉剂500倍液、40%福星(氟硅唑)5 000～6 000倍液以及百菌清、代森锌、福美锌、波尔多液等药剂防治。在发病初期及时喷药并间隔5～7天连续防治2～3次。

7. 茄子缺氮、磷、钾、硼症及补救措施

缺氮症 茄子缺氮时，先是老叶叶色失绿变黄，茎色也常有改变，生长停滞，最后全部叶片变黄，不结果或结果少且而黄。植株矮小，叶片发黄，严重时干枯脱落。

在开花期虽然也形成少量花蕾，但由于没有足够的养分供给其发育处于受抑制状态，因此大部分花蕾都变黄脱落。

补救措施：及时追施尿素、碳铵等速效氮肥或人粪尿，或者用 0.3%～0.5%尿素溶液叶面喷施。

缺磷症　茄子缺磷时，叶片从下部开始逐渐脱落，颜色变深，叶脉发红，植株小，不形成花芽或花芽形成显著推迟，着生节位明显上升，直接影响产量构成。

补救措施：用 0.2%磷酸二氢钾溶液或 0.5 过磷酸钙溶液喷施。

缺钾症　茄子缺钾时，叶脉间发黄，上部叶片簇生，果小，果实顶部、维管束、果籽变褐，最后叶片脱落。

补救措施：用 0.2%～0.3%磷酸二氢钾溶液或 10%草木灰浸出液叶面喷施。

缺硼症　茄子缺硼时，自顶叶向下黄化、凋萎、顶端茎和叶柄折断，内部变黑，茎上有木栓状龟裂。

补救措施：用 0.05%～0.2%的硼砂溶液或硼酸溶液叶面喷施。

8. 早春茄子上市定植

茄子喜肥，忌连作。底肥要施足，每亩可施入腐熟堆厩肥 6 000～7 000 千克，磷肥 40 千克，草木灰 100 千克，翻耕后平地做畦，按 55 厘米行距南北向开沟，沟深 6 厘米，株距 38～40 厘米，先摆苗覆土后浇水，第二天再起垄。也有的是大小行，大行 69 厘米，小行 50 厘米，成垄后在小行距上覆盖薄膜，每亩栽苗 2 600～2 700 株。晚上加小拱棚保温，白天维持在 25～30℃，夜间 15～20℃，中午适当通风，但在夜间必须保持 15℃以上温度，否则正在开花结果的茄子就会形成落花。直到 5 月中下旬外界气温超过 15℃时，可昼夜放风。

低温期要经常清洁薄膜，以便尽可能多吸收一些光照，温室北面最好挂上反光幕，增光提温，很有好处。水分要适当控制，除定植后 3～4 天选一晴天浇一次缓苗水外，一般不浇水。到了门茄长到核桃大小时，开始膜下暗灌，3 月中下旬土温达到 18℃以上时，可以明水暗沟一起浇水，并注意通风换气，天气暖和后 5～6 天浇一水，保持土壤湿润。开始浇水以后可以隔半个月追肥一次，每次亩施硝酸铵 20 千克。

日光温室栽培为改善通风透光条件，可行双干整枝，在对茄形成后剪去两个向外的侧枝，便成为两个方向上的双干，以后要打掉所有的侧枝，一般在结有 7 个茄子后摘心。

9. 栽种茄子三“不宜”

茬次不宜过多 许多菜农认为，茬次越多收获的茄子越多，效益一定越高。但结果茬次过多，效益反而降低。因为茄子有一定的生长规律，只有遵从这个规律才能有高的效益。

解决方法：采用越冬一大茬栽培，一年种一茬即可；采用春秋茬栽培，以一年两作为宜。每年在夏季留一段时间深翻雨淋降盐，晒垡杀菌，闷棚灭虫，熟化土壤，这样茄子长得好，效益高。

施肥量不宜过大 施肥过多，会造成土壤溶液浓度过高，根系会出现反渗透而枯死，产量自然下降。特别是温室内温度高、湿度大，有机肥分解快，磷有效性比露地高 2～3 倍，氨挥发量大，施肥过量极易引起肥害。

解决方法：种过 3 年以上茄科作物的温室，有机肥亩施用量控制在 5 000 千克以内，化肥施入后掩埋。含盐浓度高的地块，要注重施牛粪、腐殖酸肥和 EM 菌肥，以提高土壤碳氮比，松土透气，解盐降肥害。同时，补充硼、锌、镁等微量元素，平衡土壤营养。

温度不宜过高 茄子对温度上限的要求为 32℃。温度过高，则呼吸作用增强，生理活动紊乱，抑制坐果，植株徒长，营养生长和生殖生长失衡，产量反而会下降。

解决方法：严格按茄子各个生长阶段所需温度和各个器官生长期适温要求进行管理，遇高温时及时降温，防止高温长枝不长果。

10. 提高茄子坐果的方法

摘心 茄子一般坐果规律是随着植株的分杈而增加，基本上是每一分杈坐一个果。在种植管理中，应充分利用这一特性，在定植后及时进行摘心，以促进其迅速分枝，增加结果部位，提高坐果率。

促弱控旺 茄子植株生长弱，营养不足，会加剧落花落果；但生长过旺，又会引起营养相对不足而造成落花落果。所以维持正常长势是促进茄子成花坐果的基本要求。因此，对生长弱的植株，应通过增施肥水，使其增强长势；生长过旺的要适当控制肥水，促其恢复正常生长，才能提高坐果率。具体做法是：对弱苗加强肥水管理时，前期应以有机肥及速效磷为主，中后期改用速效性氮肥，最好能在开花时，亩追腐熟稀 500～600 千克，或饼肥 20～30 千克，加入 15～20 千克过磷酸钙。进入盛果期后，追肥应转向以速效性氮肥为主(每次亩追尿素 10～15 千克)，在结果期追 3～5 次。

激素处理　花期用 20 毫克/千克防落素喷花，或用 30～40 毫克/千克的 2,4-D 醮花，均可防止落花落果，从而提高坐果率。

11. 怎样防治茄子绵疫病

症状表现　该病主要损害果实，以近地面幼果发病居多，果实发病初期，在茄果外表产生水渍状圆形小雀斑，后迅速扩展、蔓延至全部果实。茄果病部呈黄褐色或暗褐色，湿度大时病部长满茂盛的白色絮状霉层，内部果肉变褐、糜烂。病果后期多脱落，在湿润地面上迅速烂光。也有留挂在枝上的，糜烂后失水干缩成黑褐色僵果。有时叶片、枝梢也能发病，被害叶片产生近圆形或不规则矩形水渍状淡褐色病斑，有时有明显的轮纹。湿润时，病斑上散落着白色霉状物。茎部染病，初呈水渍状，后变暗绿色或紫褐色，茎部僵缩，其上枝叶萎蔫。

发病原因　茄子绵疫病的发生与温湿度关系密切。温度在 28～30℃，相对湿度 85%以上的时候，容易发病。露地栽培在 7、8 月伏天雨季，是发病盛期。凡雨季来得早，降雨量大，天气闷热的年份，发病早而重。地势低洼，排水不畅，泥土黏重、偏施氮肥的地块发病重，田间郁闭、通风透光不好，更容易引起该病害的发生。

防治方法　茄子绵疫病的防治要以农业防治为主，具体从以下入手：

①选用抗病品种，注意轮作换茬。

②培养壮苗、健苗苗床。选取地势高，向南背北不易积水的地方。播种前三周需将泥土消毒。

③采取高畦地，坚持覆膜栽培。整地要平，避免积水。施足基肥，增施磷、钾肥。履行宽窄行栽植，及时中耕、整枝、打老叶，改良通风透光条件，及时采收。发现病果立刻摘除深埋。

④加强田间查治。发现病果、病叶立刻用药防治。可喷布 72.2%普力克水剂 800 倍液，或 75%百菌清可湿性粉剂 500 倍液，或 58%甲霜灵锰锌可湿性粉剂 500 倍液，或 65%代森锌可湿性粉剂 500 倍液。

12. "一拾二留三换头"　长茄稳产效益高

一年一大茬长茄已经进入采摘盛期后，植株营养生长与生殖生长并重，正是管理中的关键时期。长茄管理要做好"一拾二留三换头"，才能获得高收益。

一掐，是指及时掐花。及时掐花是指在长茄点花后花瓣开始出现萎蔫，幼果在2～3厘米长时及时把花冠摘下来。掐花不及时或掐花不净如残留花药等，还会造成长茄皱皮现象，大大降低精品率。很多菜农在点花药中掺入嘧霉胺来防止掐花不及时出现的烂果，虽然起到一定作用，但点花的药量太少，起到的作用甚微，还是及时掐花为好。

二留，即留一腋芽。整枝打杈时，每侧枝留一腋芽，其上叶片全部摘除。选择留腋芽不留叶片是因为主枝结果期一般长茄长势旺盛，单叶面积大，光合作用制造的营养可以满足生长需求，而且到了后期还需适当摘除部分叶片，增加植株透光度。若侧枝留叶片，枝叶密集，影响植株行间透光，反而影响果实品质如色泽等。

三换头，即及时多次换头。很多菜农都是习惯于两结果主枝高达1.5～1.8米摘心，然后再让茄子以侧枝结果为主。多次换头指在植株长至1.1米高时进行植株第一次换头，留取下面健壮的侧枝作为新的结果主枝，一般侧枝长势较强，可避免植株长势减弱的情况发生。第二次摘心换头在植株高1.5米左右时进行。第三次摘心换头在1.8米左右，即植株高度达到吊绳顶端的钢丝处时进行。在摘心后选留下部萌发的长势健壮的2～3根侧枝进行结果，结果后将其摘除。这样通过连续地摘心换头，很好地避免了结果断层现象的发生。

通过“一掐二留三换头”的管理方法，有利于促进植株的更新复壮，而且有利于保持良好的透光性，长茄自然稳产效益高。

第4节　番茄类

1. 大棚番茄高产妙法

大棚番茄实行连续摘心栽培，能有效地利用花数，既能增产又能提高优质果率，是一种理想的高产途径。其主要操作如下：

定植后的番茄第一花序和第二花序相继开花。在对第一花序进行激素处理后，只利用紧靠第一花序下部节间长出的健壮的侧枝，同样待长出第三花序和第四花序后，留第四花序前2片叶子，摘心，以此为第二基本枝。如果想利用更多的花序，就要下功夫立体地高效利用地面到牵引顶部的整个空间，以利用已培养出的基本枝长出的侧枝来填补收获后的空间。每枝花序的数量视空间和枝叶的长势而定。一般来说侧枝留得过多容易减产，每株番茄的花序数一般控制在10～15个。

连续摘心后，要注意适时摘叶，如果摘叶过晚，则会影响侧枝的正常生长，导致花芽发育不良。要将主茎下部的叶片全部摘除，注意不要留叶柄，以免产生灰霉病。光合能力较差的老叶也应摘除，目的在于充分利用光合能力强的新叶，从而达到高产的目的。

2. 大棚番茄浇水技巧

番茄具有喜水、需水量大、耐寒能力强的特点，据总结实践经验，大棚番茄的浇水技巧如下：

必须按不同生育期特点进行浇水　一般情况下，番茄边定植边浇水，浇定植水后 3～5 天再浇一次缓苗水，一直到第一穗果坐住如蛋黄大小时再浇一次水。如果前期定植较小，叶面蒸腾量小，果数也少，通风量也小，一般 7～10 天浇一水（水量要小）。以后随着植株的生长发育，坐果数增多，通风量加大，蒸腾量加大，应缩短浇水间隔天数和增加浇水量，保持土壤见干见湿（以湿为主），采收期应保持土壤湿润，以提高单果重。

根据茬次特点进行浇水　冬暖型大棚栽培的越冬番茄，定植期一般在 10 月底，此时除浇足定植水和及时进行中耕保墒外，一般至第一穗果坐住可不再浇水，浇坐果水可加盖地膜保湿，如需再进行可膜下浇小水，以免降低地温。天气转暖后加大浇水量以满足果实生长发育。早春栽培的大棚番茄，坐果后应及时浇水，以满足其对水分的需求。

根据长势浇水　植株深绿，叶片有光泽，绿而平，心叶舒展，是水分均匀适宜的表现。如心叶皱缩不展，叶色浓绿，晴天有轻度叶片下垂的为缺水表现，要及时补给水分。如心叶过度展开，叶大而薄，叶面吐水过多，是水分过多的表现，应控水防徒长。

大棚内一天的浇水时间　生育期应选晴天上午浇水，浇水后要通风，排湿，不宜在下午、傍晚或阴雨天浇水，否则易造成棚内湿度过大，引发霜霉病等病害；中午也不宜浇水，以免高温浇水影响根系生理机能；中后期天气炎热，大棚可昼夜进行通风，应早晚浇水以利于降温。

采果期浇水　番茄在采收前应进行浇水，这样可提高果实的商品价值。

3. 番茄如何能再次开花结果增产

第一代番茄收获后，使番茄再次开花结果，提高经济效益，可采取以下 3 种办法：

压秧法 在第一代番茄成熟收获后，剪除枯枝黄叶，保留具有旺盛新生能力的新枝，并在主干一侧挖一条长20厘米、深15厘米左右的施肥沟，施肥后将主干埋入沟中，然后浇水，使压蔓处很快生根，如此新根老根共同吸收水肥，株型迅速扩大，再次开花结果。

剪株法 第一代番茄收获后，剪除死掉的老枝叶，再扒开根部施肥浇水，促发新枝生长，重新开花结果。

移栽法 番茄根部易长次新根，在接近地面处能产生较多的分蘖枝，这些分蘖枝移栽后生长结果快，一般7～10天就可结果。如果地面干燥，可在主干周围培土浇水，促使次生分蘖发生，当分蘖枝苗根部有少量白点时，就可移栽成活。

4. 为何番茄膨果慢

番茄果小，膨大速度慢的原因主要有以下几方面：

地力差，有机含量不足，沙土地保水保肥能力差，本应增加有机肥用量，改良土壤，但是，菜农在底肥施用上明显不足。

棚室保温性差，棚膜透光率低，棚内温、湿、光条件下不能很好满足番茄生长。为蔬菜生长创造适宜的温、光等棚室条件，是保证其正常生长发育的关键。在调查中发现，菜农在棚室建造中存在诸多弊端，如后屋面角度太小，棚面拱度小，覆盖草苫薄等。这样的设施条件保温性差，影响棚膜透光率，不能满足番茄生长适宜的温度要求(白天25～30℃，夜间15～18℃，保持昼夜温差在15～17℃)及光照条件。

摘叶过重，茎蔓受伤，果柄弯折。蔬菜主要通过叶片进行光合作用制造有机产物，而后运输到果实部分供其膨大。可是在摘叶过早、过重的情况下，番茄植株的有效光合叶片减少，势必会影响其正常生长。该类情况在菜农的棚室内普遍存在，有些第一穗果尚未转色，摘叶已经到了第三穗上下。

5. 番茄栽培重田管

番茄产量高，成品耐贮运，市场销售量大，但番茄栽培技术很关键。

温度 番茄生长发育的最佳温度为24～26℃，在5℃以下的低温或40℃以上的高温条件下，番茄停止生长。

光照 番茄是喜光作物，对光照反应敏感，光照充足，植株生长健壮，茎粗大，抗性强；光照不足，就会造成徒长，开花少，落花落果等。

水分　番茄是深根作物，既怕旱又怕涝，土壤排水要好，地下水位要低，水分必须均匀供给。

播种育苗　①播种期：夏季气温高，植株身长弱，落花多，坐果难，病害严重，极易失败。②种子消毒：种子消毒是减少病害传播的有效措施。消毒时可用纱布将种子包起来，放入 50℃温水中浸 10 分钟或放入 30℃温水中浸泡 2～3 小时，取出阴干。③苗期管理：在秧苗过程中，要适当追肥，一般结合浇水，淋施腐熟尿水或 0.1%～0.2%的尿素水，同时，在苗期应用百菌清 600 倍液加乐果 1 000 倍液喷 2～3 次。

土壤准备及定植　种植前施足基肥，每亩可用腐熟猪牛粪 1 000 千克，过磷酸钙 50～100 千克，混匀后均匀洒在畦面，并结合整地掺入土中。起畦规格可采用 1.3～1.7 米包沟，二行植，株距 40～50 厘米，双干整枝，可适当密植，亩植 1 500～2 000 株。或采用单干，株距 20～25 厘米，亩植约 3 000 株。

大田管理　①施肥：在定植后一星期内开始追肥，隔 8～10 天。结果前每次追肥，尿素用量每亩不要超过 5 千克。待第一穗果膨大时，要求更多营养，追肥要重，适量增加磷钾肥用量，后期追肥以保证第 4、5、6 果实不断长大的需要。在施足基肥的基础上，一般每亩番茄需用总追肥量为尿素 50 千克，钾肥 70 千克或复合肥 100 千克加钾肥 30 千克。②水分管理：做到深沟高畦种植，四周开好环田沟。浇水时，应以逐株浇灌为好，少采用大水漫灌。若要灌水，应在傍晚进行，并以跑马水为宜，畦沟中停留 1～2 小时即排干，保持土壤湿润即可。③培土与除草。培土是番茄一项不可缺少的工作，一般需培土 2～3 次，并结合施肥除草进行。杂草可用培土覆盖，以减少拔草引起的伤根。④搭架与绑蔓：番茄长至 30～40 厘米高时，应插立支架，后再进行绑蔓。⑤整枝打顶疏花疏果：单干整枝只留一个主干，其他长出的侧枝全部除去；双干整枝则除留主干外，再保留第一花序下第一叶腋抽出的侧枝，其他侧枝都去掉，一般情况下，每个枝条可留 5～7 个果。

6. 番茄施钾效果好

番茄属高钾型作物，对钾肥很敏感。缺钾时番茄中下部叶缘变成黄褐色，严重时下部叶枯死，影响幼果发育，降低果实品质，还可引发筋腐果等生理病害。近年来缺钾发生比较普遍，主要原因是有机肥用量偏少，不注意增施钾肥；菜田浇水量大，钾素流失严重。加之番茄需钾量大，从而极易表现缺钾。

番茄施用钾肥，能促使幼苗生长健壮，发育快，根系发达，早开花，早挂果，早成熟。在氮、磷肥相同的条件下，施钾肥的番茄可提早采收一周左右，并能提高番茄的抗寒、抗旱、抗病害能力，提高产量20%以上。在其他肥料相同的前提下，每亩施15千克硫酸钾比不施钾肥的秋番茄多收250～350千克，维生素C含量提高13.2%，糖分含量提高13.7%。同时，外观光亮，色泽好，成熟度一致，果实基部果肉无破裂，无畸形，从而提高了商品价值。

钾肥可做基肥或种肥，条施、穴施或早期追施均可。一般每亩施用硫酸钾10～20千克。有机肥充足的菜地钾肥用量可适当减少，反之则宜适当增加。番茄在中后期用磷酸二氢钾与微量元素混合喷施效果更好。

7. 下施上喷番茄果实优

番茄对营养的吸收量较大，并随着植株生长发育和开花结果的增加而增加，养分的吸收盛期也是在结果的盛期。第一果穗坐果以后，结合浇水要施一次催果肥。每亩可施尿素15～20千克，过磷酸钙20～25千克，或磷酸二铵20～30千克。缺钾时应施硫酸钾10千克。也可用1 000千克人粪尿和100千克草木灰代替化学肥料。以后在第二穗果和第三穗果开始迅速膨大时各追肥一次。高架栽培第四穗果开始迅速膨大时也要追肥。

追肥可以土埋深施，也可以随水浇灌。前者要注意深施，封严，后者要注意施肥量，以防烧苗。番茄栽培除土壤追肥外，还要进行叶面追肥。叶面追肥可延长叶片寿命，促进生长发育，增强植株抗病能力，增产增值显著。根外追肥可选用0.2%～0.4%的磷酸二氢钾，或0.2%～0.3%的尿素，或2%的过磷酸钙水溶液喷施，或喷多元复合肥。果实迅速膨大期如肥水不足，果实发育不整齐，果个变小，产量明显降低。

8. 番茄产生不定根的处理办法

番茄植株本身能够产生不定根系，但是不定根系过多不是一种正常现象。一般在植株根系发育不良，出现维管束病害、植株生长受到抑制时，植株为了自我调节。需要更多的根系吸收营养，会产生大量的不定根系。所以说番茄植株产生大量不定根系，不是叶片的为害，而是属于一种系统性的为害。

具体防治措施是：

根系发育不良或者出现根腐烂等土传病害 不定根系过多主要原因是，雨水进棚或者露天番茄遭受雨水为害。雨水进棚后，能够造成沤根或者有害物质对根系造成损伤，特别是主根，可以拔出植株详细检查。感染土传病害，例如根腐病、枯黄病都能造成根系腐烂，也会使植株出现大量不定根系。其防治方法：及时将雨水排除，后期注意养护根系，可以冲施甲壳素、海藻素等生根养根肥料；对于土传病害可以选择配方：恶甲水剂＋松脂酸铜＋甲壳素进行灌根。

感染细菌病害　特别是细菌性髓部坏死病和青枯病，导致植株的维管束系统遭到破坏、植株会在茎秆上产生大量不定根系。其防治方法：关键在于预防，可以选择细菌药剂中的杀菌素、可杀得、氯溴异氰尿酸等药剂，同时可以灌根，用中生菌素＋松脂酸铜＋甲壳素。

烧根　主要是底肥不科学，没有经过腐熟或者穴施农药不合理，导致烧根，也会使茎秆产生大量不定根系。其防治方法：冲施 EM 生物菌肥或者甲壳素，解除肥害促进生长。

抑制剂过量使用　有些菜农控制植株生长，总是要叶面喷雾一些控长剂，例如多效唑、B_9、爱多收等药物，如用量过重，植株长势受抑制过于严重，也会导致产生大量不定根系。其防治方法：提头促长，可以选择甲壳素＋细胞分裂素叶面喷雾效果显著。

9. 番茄空洞果如何防治

栽培季节影响　番茄空洞果的发生受栽培季节的影响较大，相同品种在日光温室越冬茬及早春茬栽培时番茄空洞果率明显升高，反之，秋冬茬及晚春茬栽培时空洞果发生率低。

品种选择不当　一般早熟品种心室数目少，易发生空洞果；晚熟品种心室数目多，可防止发生空洞果。相同的品种在日光温室越冬茬及早春茬栽培时番茄空洞果实率高；越冬茬及晚春茬番茄空洞果实率低。

授粉时受激素刺激　蘸花后没有授粉受精，在激素的刺激下，子房膨大，果实发育速度加快，成熟期提前。如果蘸花处理时激素浓度过高或重复蘸花，容易形成空洞果。

不良天气影响　番茄在开花坐果后，如果遇上持续阴雨雪天气，光照不足，果实内部养分供应不足，造成果皮生长与果肉生长不协调，容易形成空洞果。花粉形成时遇到高温、光照不足使花粉不饱满，不能正常受精，使果实内部发育不完全而造成空腔。

管理措施不当　坐果后浇水及追肥量不匀，或是在生长后期及结果盛期肥力不足，营养跟不上，导致养分不足而形成空洞果；氮肥施用过多也容易形成空洞果。

防治措施 ①选择适宜品种。根据日光温室的不同茬口及上市时间，选择不易产生空洞果的品种。②正确使用蘸花用药。番茄开花期要正确使用植物生长激素，一般在上午 11 点以前结束蘸花。③管理要恰当。在肥料施用上要增施有机肥，合理搭配氮、磷、钾肥，避免氮肥使用过量；在水分供应上，要根据不同的生长时期及土壤墒情确定浇水量与间隔的天数；防止用小苗龄苗子定植，同时摘心时不宜过早。④改善光照与温度条件。育苗和结果期温度不宜过高，特别是防止苗期夜温过高。

10. 大棚番茄灰霉病如何防治

秋冬茬番茄进入转色期后，由于这个季节外界气温低、日照短，使得棚内温度较低，空气湿度较大，光照不足，加之大棚需要保温，很少通风，密封程度较高，使棚内空气湿度大的问题更为突出，由此导致秋冬茬番茄极易引起灰霉病的发生和流行，菜农要想获得番茄高产须加强灰霉病的预防。

防治措施 首先，搞好大棚内的通风、透光、降湿，同时还要保持温度不要太低。其次，要加强肥水管理，使植株长势健壮防早衰。第三，及时摘除黏附在果实上的花瓣和柱头。第四，发现病株、病果应及时清除和销毁。可选下列药剂防治：50%速克灵可湿性粉剂 1 500～2 000 倍液，或 50%扑海因可湿性粉剂 1 000～1 500 倍液，或 70%甲基托布津 800～1 000 倍液等。隔 7～10 天喷一次，连续喷 3～4 次。要注意病菌对溶液产生耐药性，在一个生长期内不可使用同一药剂，需将上述药剂轮番使用。

11. 番茄早熟种植技巧

土豆榨汁催芽 将土豆(马铃薯)块茎放入冰箱速冻柜内冷冻 3～5 天，取出后让其自然解冻，然后榨汁。把待播的番茄种子放入土豆汁中浸泡 12 小时。用一块没有绒毛的厚布蘸上土豆汁，把浸泡过的种子松散地撒在上面，种子相互不接触，再用聚乙烯薄膜盖上防止干燥，但要保持透气，然后置于暖和地方。

幼苗水平定植 水平定植番茄一般比常规直立栽培的，缓苗期缩短 3～5 天，成活率提高 15%～20%，采收期提早 7～10 天，产量增加 20%～30%。具体做法是：在精细整地、施足底肥的基础上，以南北方向起好畦，畦宽以能盖好地膜为准。然后按行距开沟，深约 7 厘米，再按株距挖穴，深约 5 厘米。穴做成后，将苗基部

1/3 的叶片及叶芽全部抹去，苗顺沟放好，根朝南入穴，头朝北入沟，覆土到抹去叶片部位为止，盖好地膜。温室栽培时可将下部旁枝剪去，以促进根系生长。水平定植番茄要注意以下两点：一是要根据苗的高矮进行高苗长栽，矮苗短栽，做到上齐下不齐；二是所选用的单株个重不低于 8 克，苗株地上部分的高度为 10 厘米左右，并使其呈上斜状。

叶面喷洒牛尿　将新鲜牛尿倒入喷雾器中，趁中午番茄叶片气孔张开时，均匀地喷洒于叶片正反两面，整个生长期间都可进行。一般可增产 18%～25%及以上。但要注意的是，当天收集的牛尿当天喷完。挂果期间，采果前 10 天左右不宜喷洒牛尿，防止果面受污。

巧喷鸡、兔粪液　在番茄盛果期，将 6%左右浓度的鸡、兔粪浸泡滤液直接喷洒于叶片正反两面，可使番茄果实膨大快、成熟早、品质好、产量高。粪液的配制方法是：取干鸡粪或干兔粪 3 千克，加清水 50 千克，一同盛于木桶或大瓦缸中加盖密封浸泡 6～7 天，待充分发酵后，搅拌均匀过滤去渣即可使用。

压侧蔓去主茎　根据番茄茎蔓能生根的特点，在番茄结果盛期过后，留下主茎底部滋生出来的 2～3 个侧枝，使其弯曲地面，用肥土层压住固定，顶端仅露出 2～3 片叶，待侧枝全部固定后浇一次透水。压条后，棚室栽培的温度白天控制在 20～25℃，晚上控制在 10～15℃，土壤湿度保持在 60%～70%，空气湿度为 45%～55%。待番茄主茎果衰落后，立刻从所压侧枝的上部剪掉主茎，并加强肥水管理。

除旧枝留主茎　在选择良种、培育壮苗、合理密植、精细培管的基础上，于结果后留下主茎，砍掉旧枝。第 2 条主茎又可萌芽，果实越结越多，形成高产高寿的番茄树，此法既节约种子，又能增加约 2 倍的产量，结果时间提前 15～20 天。

12. 番茄枯萎的防治

番茄萎蔫死苗发生较重，经实地诊断，主要是番茄枯萎病，现提供防治方法，番茄枯萎病是番茄主要的土传病害，多在开花结果期发病，在盛果期枯死。

从下部叶片向上蔓延，有时一侧叶片发黄，另一侧正常绿色，发病严重时整株叶片枯死，但不脱落。叶片黄褐，潮湿时茎部靠地面处产生粉红色霉。剖开茎部维管束呈黄褐色，无乳白色黏液流出，有别于青枯病，目前防治方法：①发现零星病株，要及时拔除，并填入生石灰盖土踏实杀菌消毒。②用 54%的恶霉·福美可湿性粉剂 700 倍液喷雾；或 70%的敌磺钠可湿性粉剂 500 倍液喷雾；如浇灌根部，每株 300～500 毫升，视病情 5 天一次。

种植前预防：①实行三年以上轮作，施用腐熟有机肥或生物活性有机肥料，适当增施磷、钾肥，提高植株抗病能力。②种子处理。播种前用52℃温水浸种30分钟；或用种子重量0.3%的70%敌磺钠可溶性粉剂拌种后再播种。③苗床消毒。每平方米床面土用35%福甲可湿性粉剂10克，加干土5千克拌匀，1/3的药土撒在床面上再播种，再把其余药土盖在种子上。提倡营养钵育苗、穴盘育苗，每立方营养土消毒用30%恶霉灵水剂150毫升或敌磺钠200克，充分拌匀后装入营养钵育苗。

第5节　草　　莓

1.草莓花芽分化有好方法

花芽分化是草莓生产中的关键，花芽分化的数量和质量是翌年质量的基础。花芽分化与植株本身生长的健壮程度、日照长度、温度、营养水平、生长调节剂等都有关系。要促进草莓花芽分化，提高花芽分化质量，就要采取相应的技术措施。

植株生长健壮，花芽分化早，花就多。植株生长过旺和衰竭，都不利于花芽分化。因此，要保证植株生长正常，氮素不可施得过多，避免植株生长过旺。花芽分化需要短日照和适当冷凉气候。长日照和高温不利于花芽分化。短日照处理可采用遮光法，利于山间谷地育苗。植株体内营养条件影响花芽分化。生长衰竭的植株花芽分化不良。

在花芽分化前期，如氮素吸收过多，也不利于花芽分化。控制植株营养生长，应不施或少施含氮多的基肥，至8月中旬不施氮肥。断根也是控制营养生长过旺的一种措施，生长调节剂对花芽分化也有影响。赤霉素对花芽分化起抑制作用，50毫克/千克以上浓度处理花芽不分化。脱落酸对草莓花芽分化有促进作用。多效唑在苗期喷施，能促进花芽形成。

2.草莓繁苗“四注意”

进入6月份，草莓便进入了繁苗季节，为保证新繁草莓苗质量，在繁育过程中需注意以下几个问题：

一是注意中耕除草。草莓母本苗定植后不久，便进入雨季。雨季是一年中雨水最多的季节，也是杂草生长的旺盛季节。所以，在进行草莓苗繁育时一定要做好除草工作，以防出现草荒吃苗现象。

二是注意土壤湿度。草莓繁苗是由母株上抽生的匍匐茎来进行，匍匐茎能否及时生根下扎与苗圃土壤湿度有很大关系，土壤湿润利于根系下扎。虽说草莓繁育季节正处在雨季，但此时也正是气温高的季节，土壤便会干旱，影响匍匐茎的抽生及下扎，所以苗圃一定要注意保持土壤湿度。

三是经常消除病、老、残叶，及时摘除母株上的花序。在草莓繁育过程中，会不断出现老叶、病叶等，这些病、老、残叶的产生，为草莓病虫害的发生发展提供很大的方便，如不及时清理摘除，可引起育苗圃病虫害的发生。另外，母本苗在生长过程中还会抽生新的花序，耗费植株养分，不利于繁苗，所以要及时摘除，以提高繁殖率。

四是及时追肥。充足营养是草莓母本不断繁殖的根本，所以在草莓苗繁育过程中，要不断地补充肥料，以满足草莓繁苗所需养分。在施足底肥的基础上，于 7 月底前追施 2 次化肥，第一次在 7 月 10 日左右，亩追施磷酸二铵、尿素（2∶1）混合肥 15～20 千克，第二次在 7 月底，亩追施氮∶磷∶钾（15∶15∶15）复合肥 15～20 千克。

3. 草莓合理定植效果好

草莓营养丰富，深受人们喜爱。大棚草莓栽培容易，管理方便，生产成本低，产量高，效益好。

培育壮苗　选择草莓匍匐茎上前期生长健壮小苗，移植到露地苗床或塑料钵中进行育苗，要求苗床土或钵土保水性、透气性好，草莓移植后需覆盖遮阳降温。

合理定植　定植前对定植大棚土壤进行耕翻。同时亩施腐熟厩肥 3 000 ～ 4 000 千克，复合肥 50～60 千克做基肥，然后做畦，畦宽（连沟）1 米，6 米宽标准大棚可做 6 畦，畦沟深 25～30 厘米。9 月中下旬选择新叶正常开展，小叶对称，叶色浓绿，叶柄粗、叶片大，长势健壮，丰产性好的幼苗进行定植。

温湿度控制　一般白天温度控制在 25～28℃，不要超过 30℃，晚上以 7℃为宜。初花期保持在 25℃，成花期掌握在 23℃，12 月下旬到来年 1 月底之间，棚温低于 5℃时，应在大棚内设小拱棚复扣棚，极端低温时应采用三层膜保温。棚内湿度，开花时控制在 80%以下，开花至果实膨大时控制在 60%为宜。为防止高温高湿发病，喷洒新高脂膜乳剂 800 倍液，隔 10 天左右一次，共 2 次。到翌年 4 月份，气温明显回升时可拆除大棚两边的围膜，加大通风量，起到降温降湿作用，延长果实的生产期。

肥水情况　根据草莓生长情况及时补充磷、钾肥及多元微量元素。整个生长过程中要有充足的水分，开花期土壤水分可稍干些，在草莓生长旺盛期和浆果膨大期需水较多。灌水可结合施肥进行，将肥溶于水中配成 1 000 倍左右的溶液施用。第二年开春后随着气温回升，生产速度加快，为避免草莓果实酸化，应增施钾肥，每亩施 0.3%～0.5%尿素加 0.3%磷酸二氢钾液，每株施尿素 0.1～0.2 千克，补充果实生长所需的养分，提高灌浆质量。

病虫害防治　主要病虫有蚜虫、叶螨、灰霉病、白粉病及芽枯病等。对蚜虫、红蜘蛛可用 20%增效杀灭菊酯、40%乐果 1 500 倍液。灰霉病在高温高湿以及草莓生长旺盛期最易发生，可用 50%速克灵 800 倍液防治，效果很好。对芽枯病、白粉病每隔一周喷一次 1 000 倍液多氧毒素剂或 600 倍液敌菌丹水溶液。

4. 草莓“六改”栽培产量高

改平畦栽培为高垄栽培。平畦栽培，田间湿度大，通风透气性差，病虫害严重，极易造成果实霉烂，品质产量降低。采用高垄栽培可克服以上弱点，更适宜保护地栽培的需要。高垄栽培的具体做法是：选择地势平整、避风向阳、疏松肥沃的田块，做畦起垄。畦宽 2 米，高 10～15 厘米，两畦间挖一条 40 厘米的沟，畦面做成龟背形。

改常规苗栽培为无毒苗栽培。常规苗病毒严重，产量低，果质差；无毒苗抗病性强，果实大，单果重为百克以上，产量可提高 1～2 倍。

改多年栽为一年一栽。多年栽虽投资低，用工少，管理简单，但病毒感染重，病虫害易发生，植株弱，品质差，产量低。一年一栽，通过轮作倒茬，土地利用率高，不宜感染病毒，且病虫害少，果实大，品质好，经济效益高。

改单一品种为多品种搭配栽培。草莓是一种极不易贮运的浆果，若单一品种面积较大，收获期过于集中，就会给采收、销售、加工造成压力，甚至造成大量霉烂。因此，应适当采用本地栽培的不同成熟期和耐贮运的优良品种。每块地可栽植 2～3 个不同成熟期的品种。

改露地栽培为保护地栽培。露地栽培上市迟，产量低。采用双膜覆盖栽培可明显提高产量，提早上市时间。如果用大棚或温室栽培效果更为明显，产量可提高 1～2 倍，还可提早上市 60 天左右。

改粗放管理为精细管理。长期以来，对草莓的管理一直很粗放，其精细管理未被重视，其实，精细管理对提高草莓产量和品质意义重大。草莓精细管理的措施主要有：当定植后的新苗长到 5～6 片叶时，剪除枯叶、病叶、无效叶，出现花蕾后，每个花序留 3～4 级花苗，其余全部摘除。开花结果后，随时将病果、畸形果、小果、虫果摘除，以培育大果。果实灰霉病是草莓的主要病害，尤其是雨后晴时为害严重，及时喷施多菌灵 300 倍液或托布津 1 000 倍液，能有效控制该病的蔓延。

5. 提高棚室草莓品质“五招”

选择品种　只有在低温条件下花粉多、果实酸味小、畸形果少的品种，才适合促成栽培。一般宜选择丰香和明宝等品种。

增强光照　光照不仅直接影响植株的光合作用，还间接影响果实着色。如果在开花前后光照不足，就会影响花粉内淀粉的积累，使花粉萌发时能量不够，导致发芽率降低，进而影响受精，产生畸形果。因此，在盖棚时要选用透光率好的聚乙烯无滴膜，要经常扫净膜上的灰尘，在棚内墙上挂 2 米高的镜面反射膜。这样，不但能增加光的利用率，而且能提高地温 2～3℃。

覆盖地膜　覆盖地膜可以降低空气湿度，减少病虫害，使果实不接触地面，避免产生软果，而且果面干净。最好用滴灌的方法浇水，开花结果期不能大水漫灌，棚内湿度在 75%左右为宜。湿度过大会造成花粉不易散出，影响正常受精，增加畸形果的产生。因此，要适时通风排湿，但温度要保持在 20～25℃，以利于花粉发芽。开花结果期可叶面喷施 0.5%磷酸二氢钾或 0.2%硼砂+0.4%磷酸二氢钾+0.5%白糖溶液，以提高果实品质。

辅助授粉　开花期可在棚内放养一箱蜜蜂，以利于授粉，但要控制好温度，使蜜蜂能够正常活动，也可以辅助授粉。

合理喷药　草莓开花期间喷施农药，容易诱发植株产生畸形果，同时会影响蜜蜂的授粉。因此，在开花放蜂前尽量不要用敌百虫、代森锰锌可湿性粉剂等易使植株造成畸形果的药剂，喷药前把蜜蜂移出棚外。喷药后 1 周左右再移回棚内。

6. 草莓夏季如何管理

草莓具有性喜凉爽，不耐高温干旱的习性，若夏季管理不善，植株便会出现生理失调，甚至造成死亡。夏季管理主要措施如下：

合理遮阳　夏季温度高，如不采取措施给草莓遮阳，草莓苗会因为不耐高温而死亡。一般集中育苗应该在畦面上搭1米高的遮阳棚，盖上遮光率高的银灰色遮阳网，高温期间每天上午9点到下午5点覆盖，30℃以下的晴天、阴天早上9点以前晚上5点以后可以不盖。农户小面积育苗，可以每隔2～2.5米种植一行玉米，让玉米苗对草莓遮阳，防止高温灼伤幼苗。

科学排灌 草莓根系大部位于表土层，对水分要求较高，忌旱怕涝，无论田间积水或干旱都会使根系生长受阻，不利于生长。因此，要清理好垄沟、排水沟，保持沟渠畅通，做到排灌结合。对于集中育苗的，应在大雨前盖上遮阳网，减少大雨对草莓苗的不利影响。在高温干旱时，可以开启喷灌或在遮阳网上浇水，既补充了水分，又有利于降温，更有利于草莓苗生长。

除草及去老叶 草莓苗床以人工除草为主，拔草时不要松动草莓根系，以免造成草莓苗死亡。此外，要及时将草莓黄叶、枯叶、病叶摘除，减少养分消耗和水分蒸发，改善通风透光条件。

定向压蔓、摆钵 用于繁殖草莓种苗的苗圃，为了能繁育壮苗，苗期要及时将匍匐茎同一方向理顺，每20厘米开挖一小沟，沟里均匀摆放装满营养土15厘米×12厘米的营养钵，将发出的新株引入营养钵并用碎土稍压，促生新根。

7. 草莓田间杂草多　综合应对早预防

草莓生产无论在幼苗苗圃，还是移栽到大田，杂草一律相伴生长。杂草由于发生量大，对草莓为害严重，常使草莓产量损失10%～15%。一是因为草莓苗圃或者大田底肥施用量大，灌水又比较频繁，杂草猛长；二是因为草莓种植密度大，植株低矮，杂草与草莓争光、争肥、争水的共生矛盾大，人工用锄清除比较困难；三是因为杂草种类多，单子叶杂草、阔叶杂草均可滋生，繁殖速度快；四是因为杂草的繁衍还会诱发病虫为害。

如何清除草莓杂草，应从苗圃开始，从苗期入手，采取综合措施，防除杂草，及时提供健壮的草莓幼苗，同时也不可忽视对移栽后大田杂草的防治。

农业措施 打好除草基础。一是草莓的苗圃基地应每年更换一个地方，既可改变杂草结构，控制恶性杂草，又可以减轻病虫为害，如种植过番茄、茄子的大田，不宜选作苗床，因为它们有相同的病菌为害幼苗；二是抢晴翻耕苗床基地，以便利用烈日晒死一部分杂草；三是勤中耕松土，结合人工除草，清除新生幼嫩的杂草，对于田边、沟边的杂草切不可忽视。草莓进入采收后，杂草步入滋长旺盛期，更应加强严防。

化学手段 除灭不同龄期杂草。①土壤处理除灭芽前杂草。当草莓幼苗从育苗的苗圃移栽到假植田之前,以可将40%氟乐灵乳油每亩100~200毫升,兑水50~100千克喷施于表土,然后把耙齿与土拌合,以防光解失效,能除灭多种单子叶杂草和部分阔叶杂草。还可将50%丁草胺100~125毫升,或72%都尔乳油100~120毫升,兑水50千克喷于土表,可较好地除灭芽前杂草。可在草莓移栽前于大田用50%大惠利(草奈安)可湿性粉剂150~200克,或25%恶草灵乳油110~170毫升,或24%果尔乳油36~72毫升,分别兑水50千克均匀喷施。可于定植前后,每亩用65%杀草敏可湿性粉剂330~400克,兑水50千克喷施。

②幼苗移栽定植后喷施除草剂,一可用10.8%高效盖草能乳油20毫升,或15%精稳杀得乳油70毫升,兑水40~50千克喷施,能较好地除灭3~5叶禾本科杂草。二可用84%仙治乳油每亩100毫升,兑水50千克喷施,对一年生单子叶杂草及双子叶杂草防效在90%以上。三可用80%草乃敌可湿性粉剂,每亩200~300克,兑水稀释成500倍液在行间喷施。四可用10.8%高效盖草能乳油加50%丁草胺60~80毫升,兑水50~60千克,于幼苗假植10~15天后,乘田间高湿或下毛毛雨时喷施,可除多种单子叶和多种阔叶杂草。五是在开花前每亩用50%大惠利可湿性粉剂100~200克喷施,土壤黏重时用量酌减,开花以后不再施药。

8. 冬季草莓注意扣膜保温

草莓入冬田间管理以扣膜保温为主。除大棚、小拱棚双重覆盖保温外,还可以采用叶面覆盖等保温措施。

温湿度管理 棚内草莓定植后,初期要求白天维持在25~30℃,夜间以12~17℃为宜,有利于提早开花结果。结果期白天棚温不超过20~25℃,夜间不低于5℃,相对湿度以50%为宜。以换气透风来调节温度。

追肥 棚内草莓追肥掌握薄肥勤施原则,一般用0.5%复合肥进行喷施,定植活棵后施一次轻肥,到采收20天左右,再追施一次,还可用0.2%磷酸二氢钾加0.4%尿素根外追肥。

人工授粉 冬季棚内没有昆虫传粉,为了避免畸形果的发生,要进行人工授粉,每天上午8~9点钟,用毛笔或棉球涂抹花朵,对提高产量和好果率效果明显。

补光处理 开花结果时,用灯光补光,每天延长光照2小时,有利于早开花,早结果(大棚套小棚,在小棚内每隔1米左右设1个45~60瓦灯泡),在补光的同时,可使小棚内的最低温度维持在5℃左右,这样温度变化缓慢,采收期可提前20天左右。

9. 大棚草莓病害防治

预防措施 深沟高畦，实行地膜满畦覆盖，一般沟深 30～40 厘米，同时把地膜盖到近沟底处，以减少果实与土壤接触发病，搞好排水减轻为害。及时清除枯叶、病叶。

增施有机肥，特别是生物肥土得乐对土壤进行改良。适量平衡氮、磷、钾用量，控制氮肥用量，防止徒长，同时要合理密植，亩株数控制在 8 000 株以内，以利于通风透光。适量补充微肥，提高抗病能力。在幼叶开始生长时和蕾期喷施速效硼和硫酸铜和硫酸锰等。在生长期 7～10 天一次喷施海洋生物免疫制剂海天力 600 倍液连喷 3～4 次，以增强草莓抗病能力。

药剂防治 原则是生物＋化药＋外抑的防治方法。

白粉病：25％粉锈宁可湿性粉剂 3 000～5 000 倍液，或 10％世高水分散颗粒剂 2 000～2 500 倍＋海天力 600 倍液，或 12.5％晴菌唑乳油 1 500 倍液与杀菌剂进行交替防治。

灰霉病：在生长期（避开花期）可喷施多氧霉素可湿性粉剂 500 倍＋施必克 600 倍液，或 50％嘧霉胺 600 倍液，注意交替用药。

10. 设施草莓栽培掌握四个环节

选用抗病品种 实践证明，选好良种可达到事半功倍的效果。比较优良的品种有丰香、艳红、莓宝 1 号等。

丰香：该品种生长势强，株叶开张，叶片圆而大，厚且浓绿。植株叶片数少，休眠期长，发叶速度较慢。果肉甜酸适度，风味浓，耐贮运。抗白粉病和灰霉病能力强。

艳红：该品种生长势旺，植株半直立，叶厚浓绿。休眠期较短，成熟早，果实大，圆锥形，果面深红色富有光泽，果肉甜酸适度，耐贮运。抗白粉病、炭疽病能力强，但抗红蜘蛛能力较弱。

莓宝 1 号：该品种生长势旺，植株半直立，叶厚浓绿，休眠期短。果实圆锥形，果面红色，果肉酸甜适度，风味浓，较耐贮运，抗病性强。

培育壮苗 要求秧苗具有 4～5 片叶，根茎粗 1～1.5 厘米，苗重 20～30 克。

扣棚保温 是设施栽培的一个重要技术环节。目的一是通过提高温度打破植株休眠，另一个是促进植株生长。扣棚时间应根据当地气候条件和品种特性而定，宜在植株已感受足够低温但休眠又未解除之前进行。休眠浅的品种可早些，休眠深的应晚些，一般在12月上旬至翌年1月上旬进行。

防治大棚草莓病虫害　要以农业防治为主，药剂防治为辅，即通过采用脱毒壮苗、宽窄行高垄栽植、地膜覆盖、水旱轮作等措施预防病虫害的发生，严控病虫害扩展蔓延。

第6节　豆　　类

1. 有效控制豇豆的落花落荚

由于豇豆生长期短，在管理上稍有不慎，就易落花落荚，造成减产。现从四个方面分析造成豇豆落花落荚的原因，供菜农朋友在生产中参考。

温度不适引起的落花落荚　豇豆是喜温耐热的作物，尤其是对低温反应敏感，低于10℃以下生长受阻，5℃以下受害。植株生长最适温度在20～28℃，也可在短期内适应30～40℃的高温。开花结荚最适温度为25～28℃，高于35℃以上结荚能力下降，在持续高温的环境下易造成落花落荚。

旱涝不均引起的落花落荚　豇豆在初花期对水分特别敏感，水分过大，极易造成徒长，引起落花。结荚期则需大量的水分，若此时高温干旱，容易造成落花落荚。田间积水，土壤湿度过大，不利于根系和根瘤生长，造成沤根、烂根，引起叶片发黄脱落，导致落花落荚。一般豇豆在生长期间需要的空气湿度为55%～60%。

植株徒长引起的落花落荚　豇豆在生长前期受室内高温的影响，易引发植株徒长，如果前期不注意控制，植株生长迅速，易造成植株的碳、氮比失调，养分不能均衡供应，使叶与花之间，花与花之间，果荚与果荚之间争夺养分，导致落花落荚。在管理上，前期应适当控水控肥，采取“前控后促”的管理模式，到植株开花结荚后就应增加肥水，促进生长，多开花，多结荚，若此时植株生长状况差，营养不良，不能满足茎叶对养分的需求，也容易发生落花落荚。

病虫害引起落花落荚　豇豆在整个生育期，虽然成荚率不高，但其花序和花蕾较多，在花期最易遭受的虫害是豇豆螟。豇豆螟主要为害花和荚，一旦发生，即引起大量落花落荚。另外，豇豆锈病，对叶片损害较大，如果得不到及时治疗，也容易引起落花落荚。通过以上分析，造成豇豆落花落荚的原因较多，应区别对待，对症防治，才能达到理想的防治效果。

2. 豆角肥水管理有讲究

豆角基肥充足，可促进根系生长和根瘤菌的活动，多形成根瘤。基肥一般每亩施优质的有机肥 2 000～3 000 千克，过磷酸钙 25～30 千克，草木灰 50 千克。豆角在开花结荚以前，对水肥条件要求不高，管理上以控为主。基肥充足，一般不再追肥，天气干旱时，可适当浇水。如果水肥过多，茎叶徒长，造成花序节位上升，数目减少，形成中下部空蔓。

当植株第一花序豆荚坐住，其后几节花序显现时结合追肥浇 1 次水，每亩施氮、磷、钾复合肥 10～15 千克，灌水 20～30 米^3。结荚以后，经常保持土壤湿润，隔 1～2 周再灌水追肥 1 次，以保持植株健壮生长和开花结荚。进入豆荚盛结期，需要的水肥较多，可再进行 1 次灌水追肥，每亩施尿素 10 千克，过磷酸钙 20～25 千克，硫酸钾 5 千克或草木灰 40 千克，每亩灌水 20～30 米^3。如果水肥供给不足，植株生长衰退，会出现落花落荚。

3. 秋豆角治锈病

秋豆角结荚后，下部老叶会出现米粒大小的褐色锈斑，其后向上蔓延，锈斑不断扩大，使豆角叶片干枯脱落，造成植株早衰，开花减少，豆荚畸形，产量和品质明显下降。这些情况是豆角感染了锈病。所以，在秋豆角开花结荚后，要注意防治锈病，以保护叶片，才能延长开花结荚期，获得高产。

药剂防治　在秋豆角开花结荚后，注意检查豆角的叶片，当发现植株下部老叶上有褐色锈斑出现时，就要连续喷洒 2～3 次 800 倍粉锈宁水溶液，或 1 500 倍 50％苯醚甲环唑水溶液，或 1 000 倍 80％多菌灵水溶液，或 600 倍 20％噻森铜水溶液进行防治，每 7～10 天喷洒一次，均匀喷湿所有叶片，以开始有水珠往下滴为宜。为了加快患病叶片恢复正常生长，还要加入 0.2％磷酸二氢钾、1 500 倍圣农素螯合肥混合液同喷，这对促进开花结荚有明显作用。

叶面追肥　豆角开花结荚后必须每 7～10 天叶面喷洒一次 0.1％喷砂、0.1％硫酸镁、0.2％尿素、0.3％磷酸二氢钾、800 倍腐植酸活性叶肥、1 000 倍天然芸薹素、1 500 倍圣农素螯合肥混合液，连续喷洒 5～6 次，均匀喷湿所有叶片、花蕾和豆荚，以有水珠往下滴为宜。

叶面追肥之后的豆角，生长旺盛，茎壮叶绿，开花好，结荚多，豆荚笔直、饱满、不畸形，连续开花结荚，叶片不黄化，植株不早衰，明显延长采收期并增加产量。

4. 菜豌豆栽培八项措施不可少

选地　选择排灌较方便的沙壤土、壤土田块种植菜豌豆。

品种选择　选择高产、抗病虫害的优质品种。

理墒　行距 100～110 厘米，株距 3～4 厘米，亩用种量为 3～5 千克。起垄栽培，垄高 30 厘米左右。起垄前挖施肥沟，沟深 30～40 厘米，施入底肥（农家肥每亩 2～3 吨，尿素 8～10 千克，普钙 70～80 千克，硫酸钾 25～30 千克、硼肥 2 千克），盖土 10 厘米左右。

播种　进行点播，每粒种子之间的距离为 3～4 厘米，亩用种量在 3～5 千克。种子播好后，用粉锈宁拌药土均匀撒施在整个播种的种子墒面上，预防菜豌豆易得的白粉病等真菌性病害。然后盖土 3～5 厘米。然后用粗粪均匀盖一薄层，防止浇水时使土壤板结。

苗期管理　①苗出齐后，有条件的每亩用 200 克“根灵”兑水 60 千克，喷于根部土壤，注意不要喷到植株叶片上，预防菜豌豆苗期的基腐病。②苗期的病虫害防治。每隔 15 天用甲霜灵锰锌、甲基托布津、多菌灵轮换用药，也可用苯甲·碘防治菜豌豆各种真菌性病害；每隔 15 天用绿浪、潜蝇灵、阿维菌素轮换用药，防治美洲斑潜蝇、菜青虫、小菜蛾等害虫。

抽蔓期管理　进入抽蔓期后控制施肥和浇水次数，长势较差的个别地块补施尿素 3～5 千克。用根灵防治一次豌豆枯萎病和根腐病，每亩用量为 200 克兑水 60 千克喷雾。

开花结荚期管理　进入开花结荚期后，此时期病虫害较多，对水、肥的需求也占整个生育期的 70%以上。①病虫害防治：每隔 10 天，用甲霜灵锰锌、甲基托布津、多菌灵轮换用药，也可用苯甲·碘防治各种真菌性病害。②水肥管理：菜豌豆进入开花结荚后，应视天气情况，掌握浇水，忌在开花结荚期干水。于开花结荚初期，浇一次透水。②肥料管理：菜豌豆进入开花结荚期后，肥料需要猛增，结合浇水，浇施一次尿素 10～15 千克，普钙 30 千克，硫酸钾 10～15 千克。以后每隔 10 天，每亩施用尿素 5～8 千克。并从开花结荚至末期，每隔 10～15 天每桶水对磷酸二氢钾 25 克，黄腐酸 25 毫升、膨果龙 25 毫升喷雾，可使菜豌豆的豆荚色泽光亮、浓绿，提高菜豌豆的品质和卖价。

菜豌豆后期的管理　视天气情况适当掌握好浇水，药剂防治停止，对发生的病害进行选择性治疗，施肥以根外追肥为主，进行叶面喷施各种化学肥料，注意喷施肥料的浓度宜小，每桶水兑尿素 15～25 克，磷酸二氢钾 15～25 克，膨果龙 25 毫升，黄腐酸 25 毫升喷雾。

5. 荷兰豆白粉病的防治方法

白粉病是荷兰豆的主要病害，其主要症状：先是叶片上产生白色粉末状病斑，扩大后病斑互相并连，致使全叶正、背面覆盖一层白色粉末，后期白粉变灰色，严重时，叶正背两面均布满白粉，叶片干枯。茎、荚染病后也出现白色粉斑，引起枯黄致死。在湿度较高、昼夜温差大的条件下易发病，通风较差、光照不足、浇水过多、偏施氮肥时易加重为害。

防治方法：①因地制宜，合理选用抗病品种。②用种子重量 0.3%的 70%甲基硫菌灵可湿性粉剂拌种，并密闭 48～72 小时后播种，可推迟发病期一个月。③加强肥水管理，增施磷钾肥，合理密植，保持田间通风透光。④药剂防治：发病初期喷洒 15%粉锈灵可湿性粉剂 1 500 倍液、或 10%世高水剂 1 000 倍液，隔 7 天左右喷一次，连续喷 3～4 次。视苗的病情来定，如果病情还重，再继续连喷 3～4 次。

第2章　根菜类

第1节　甘　　薯

1. 甘薯化控抑旺巧追肥

薯田肥水过旺，特别是氮素过多，常造成茎叶旺长，影响块根的膨大，降低产量。实践证明，薯田喷洒多效唑或缩节胺等植物生长剂抑制剂，可起到控上促下的作用。

一般雨季来临前第一次喷施，以后每隔 10～15 天喷一次，连喷 3～4 次，每次亩用多效唑 50～100 克或缩节胺 7～15 克，兑水 50～75 千克均匀喷洒。喷洒时根据茎叶长势，雨量大小，品种特性、土壤肥力等灵活采用药品药量。

甘薯在施足基肥的基础上，追肥以灌裂缝肥和叶面喷肥为主。追裂缝肥每亩用尿素 4～5 千克，过磷酸钙浸出液 10 千克，硫酸钾 3 千克，兑水 150～200 千克配成营养液，在田间普遍开始裂缝时，于阴天或晴天的午后进行逐棵顺裂缝浇灌，要求追施均匀。叶面喷肥根据植株长势而定，长势偏弱有早衰迹象的以喷氮为主，配合磷钾肥，用 0.5 千克尿素、0.2 千克磷酸二氢钾加水 100 千克搅拌均匀喷施。长势偏旺的主要喷磷、钾肥，可喷 0.2%磷酸二氢钾水溶液。可亩用一包甘薯膨大素加水 20 千克溶解过滤，然后均匀地喷洒在植株叶面，连喷两次，每次间隔 10 天左右。如遇秋旱，适时灌水可防早衰，延长叶片功能期，增加块根膨大度。

甘薯喜丰墒，灌水量不要太大，每亩 40 米^3 左右，并注意灌水后不要踩踏薯垄，以免影响土壤的通透性。另外，甘薯要实现高产，还要配合选用良种、化学除草、防治病虫害等措施。

2. 防治甘薯软腐病

甘薯软腐病为甘薯采收和贮藏期的主要病害之一。在甘薯含水量高时,贮藏期间极易生软腐病,如不加以重视,就会造成甘薯大量腐烂。主要防治措施如下:

适时收获,避免机械损伤 夏薯要在霜降前后收完,秋薯要在立冬前收完,要选晴天收获,挖薯时尽量减少或避免产生伤口。

精选健薯,做到安全入窖 在甘薯入窖前要精选,淘汰病、残、烂薯,水气晾干后入窖,尽量用新窖。旧窖用前要把窖内旧土铲除露出新土,也可每平方米用硫黄15克进行熏蒸消毒杀菌。

加强管理,降湿、保温和通风 ①贮藏前期,即入窖后30天内,这段时间的主要工作是通风、保温和散湿,温度控制在15℃以下,湿度控制在90%~95%,利用通风孔或门窗,有条件的利用排风扇,加强通风。如果白天温度高,可以采取晚上打开、白天关闭的方法;以后随着温度的逐渐下降,通风孔可以日开夜闭,待窖温稳定在15℃以下时可不再通风。②贮藏中期,即前期过后到立春的这段时间,窖温降低,是薯块最容易受冷害的时期,保温防寒是这段时期的工作重点,窖温不能低于10℃,最好控制在12~14℃,封闭通风孔或门窗,加厚窖外保温层,薯堆上覆盖草垫或软草。贮藏后期,即开春以后外界气温逐渐升高,要经常检查窖温,保持在10~14℃,中午温度过高及时放风,傍晚及时关闭风口,使窖温保持在适宜的范围之内。

3. 甘薯后期巧施裂缝肥增大又增甜

9月份是红薯块根膨大期,地表土层出现裂缝时,灌施裂缝肥可使红薯块根膨大。灌缝的肥料是:每亩用人粪尿750~1 000千克,兑清水500千克混合后在下午5时左右灌缝。每亩用磷酸二氢钾500克,先用温水溶解后,再掺入500千克清水,浇灌在裂缝里。每亩用2.5千克尿素、10千克过磷酸钙,用少量水溶解后,兑水500千克灌根。每亩用100千克草木灰溶解后,浸泡5个小时,滤去杂质,兑水500千克灌根。

另外,值得注意的是无论采用上述哪种方法灌根,动作要慢,灌肥液后,要立即用细表土封严裂缝口,这样可以减少肥效的挥发和水分的蒸发,又起到耐旱保苗的作用。若在红薯生长后期,每亩根外施3%~5%的过磷酸钙水溶液或0.3%的磷酸二氢钾溶液75~100千克效果更好。

4. 甘薯施肥产量高

甘薯又称山芋、红芋、红薯、白薯、地瓜、红苕、番薯等。甘薯是我国的一种重要粮食作物。其产量较高，生产潜力大，在较好的栽培条件下，能够大面积获得亩产3 000千克以上，最高亩产可达5 000千克；即使在土质差、施肥水平低的条件下，每亩也能收到1 000千克以上。要达到较高的产量，保证甘薯充足的肥料供应是关键。

甘薯的需肥特点与施肥：甘薯根系发达，吸肥力强，生物产量和经济产量较一般作物高，虽较耐瘠，却又需肥较多。甘薯对肥料三要素的吸收量以钾最多，次为氮，再次为磷。据分析，每1 000千克薯块中含氮3.5千克、磷1.75千克、钾5.5千克。

甘薯的施肥特点：氮肥应集中在前期施用，主要用作基肥（主要是有机质肥）或前期追肥，中后期因缺氮引起茎叶早衰时，也应适当补施氮肥。钾肥各个阶段需要量较多，除在基肥中占较大比重外，还要做追肥使用，如在后期追施钾肥能促进块根膨大。磷肥宜与有机肥料混合沤制后作基肥施用，也可在生育中期追施或后期根外施用。在缺磷土壤，甘薯施用磷肥增产效果显著，在高产栽培中需要增施磷钾肥。

重施基肥。甘薯施肥要注意重施基肥，适施追肥。基肥与追肥的比重，因地区间气候及栽培条件有一定差异。甘薯生育前期温度较低的地区，通常基肥占总施肥量的70%～80%，同时要求早施追肥。甘薯生育期如属高温多雨地区，追肥比重要适当加大，不仅肥量要大，且追肥次数要多。

基肥多以有机肥为主，但在有机肥料中也要搭配一定数量的高含量氮肥和磷钾肥，以全面满足甘薯生产对养分的要求。

及时追肥。①促苗肥：是保证苗匀苗壮，促进早发棵和平衡大小株的有效措施，一般每亩追施速效肥5千克。促苗肥要做到小苗多施，大苗少施或不施。②壮株肥：茎叶生长盛期以前施用的追肥，能促进早结薯和早封垄。一般栽后20～30天，每亩追施硫酸铵15千克。③促薯肥：一般在栽后60～70天进行，每亩用硫酸钾10千克兑水浇施。④叶面肥：一般在收获前40～45天进行，常用肥料有2%～3%过磷酸钙液，0.2%磷酸二氢钾溶液，1%硫酸钾液，每亩喷液100～150千克。

第2节 萝 卜

1. 胡萝卜栽培田管防虫两不误

胡萝卜因其富含胡萝卜素和钙、磷、铁等矿物质，有“小人参”之美誉，越来越受到人们的青睐。现简单介绍胡萝卜无公害、高产、优质、高效栽培技术。

选择地块 ①胡萝卜栽培地块宜选择前茬没有种植过白菜、萝卜、青苤蓝等蔬菜的地块，否则易使胡萝卜染病。②选用土层深厚、富含有机质、松软、排水良好的沙壤土种植，这类地块酸度小，土质疏松，胡萝卜肉质根易膨大，侧根少，表皮色泽浓艳。

整地、施基肥、做畦 ①土壤耕翻30～35厘米。结合整地亩施腐熟有机肥5 000千克，尿素25千克，过磷酸钙25千克，硫酸钾25千克。要求均匀地埋入距表土6厘米以下土层。②打细土块，整平，做宽1米，长10米的畦，纵横细耙2～3遍畦面。

品种选择及播期、播量 ①品种：一般选千阳“透心红”、日本“黑田五寸”。②播期：塬区以7月上旬，川道以7月下旬播种为宜。③播量：亩用籽量0.75千克，均匀撒籽，浅耙畦面，使籽入土中0.3～0.5厘米，用碾柱碾压畦面，浇适量水。

间苗除草 间苗在1～2片真叶时进行除弱留壮，4～5片真叶时定苗，苗距10厘米左右，胡萝卜出苗后要及时拔除杂草；结合间定苗，中耕松土。

追肥灌水 第一次追肥应在定苗后进行，每亩施硫酸铵5千克、硫酸钾2千克。幼苗在7～8片真叶期第二次追肥，每亩施硫酸铵10千克、硫酸钾5千克，两次肥均要将化肥加水稀释后浇地。播种后第一次浇水要透，第二次浇水要适量，以后视墒情情况浇水，保持田间“见湿见干”。

病虫防治 胡萝卜常见病害有黑斑病、黑腐病、叶枯病等，虫害主要有地下害虫、蚜虫、根蛆。在黑斑病和黑腐病防治上，选用优良品种，合理布局，轮作倒茬，增施有机肥，中耕除草，培育无病虫害壮苗，降低病虫源数量。发病初期用75%百菌清可湿性粉剂600倍液喷防；叶枯病要及时拔除病株；蚜虫用5%虫螨克、10%吡虫啉1 500倍液防治。

采收与贮藏 要适时采收，肉质根充分肥大方可收获，采收过早、过迟都会影响胡萝卜的商品性状及产量，有经验的也可抽样拔取，看外表品尝口味，外表饱满，表皮光滑，肉质根尖圆满，口感甜，无纤维，即可收获。

2. 胡萝卜浸种可提高出苗率

胡萝卜种子由于表皮依附着一层刺毛，因此按常规方法播种，出苗慢且不整齐。经过实践，用过氧化氢溶液浸种效果较好。

浸种时间　将配制好的25%过氧化氢溶液盛于容器中，倒入揉搓掉刺毛的胡萝卜种子，边倒边用木棒搅拌，浸泡30～50分钟。

种子浸种催芽后，将种子从过氧化氢溶液中捞出，用清水冲洗3～4次，边冲边滤水，滤水后盛于容器中用湿布覆盖催芽。若种子成熟度饱满，一般7～8天就有85%的种子发芽，播后5天就可齐苗。

注意事项　一是浸种前，应选晴天进行晒种。二是要用百菌清溶液对已经浸种催芽处理的种子进行灭菌处理。三是浸种催芽灭菌处理的种子应及时播种，要求土壤湿润。四是播后覆盖0.5～1厘米厚的土并稍加镇压，再用覆盖物遮阳，待有10%～15%的幼苗出土时，将覆盖物揭去。

3. 胡萝卜的中期生长管理

要注意清除杂草　选择晴热的中午前后，用手锄把田间地头的杂草清除掉，这样一是可以有效地消灭杂草，促进胡萝卜生长；二是最大限度地减少草籽的数量，为蔬菜生长打下基础；三是有利于减少害虫的藏身之地，如地老虎的幼虫常藏匿于菜田四周围的杂草之中，伺机为害菜田。

应加强肥水管理　在雨水比较勤的年份，一般不需要大水漫灌，对于田间地势比较高的部分，可以在傍晚或早晨用喷壶进行局部喷灌，对于生长比较慢的地块，应选择下雨过程的间隙投撒尿素，注意投撒均匀，以免导致肥害。

不要乱打农药　如果胡萝卜叶片上虫子不太多，经常是有虫无害，则没必要治。即使有虫害如地老虎，最好的办法是人工抓除。选择下午三四点钟到田间去，如果发现被咬断并被拉入地下半截的胡萝卜缨儿，便是地老虎为害。可用工具剜除害虫。

总之，一定要做好胡萝卜的中期管理，这是胡萝卜增产的关键因素，从而提高种植产量和效益。

4. 萝卜发生软腐病怎么防治

萝卜软腐病是由胡萝卜软腐欧氏杆菌软腐病亚种侵染引起的萝卜常见病害、萝卜肉质根发病后，完全失去商品价值和食用价值。近年来，进入雨季以后，萝卜软腐病发病均较为严重。

长期连作导致土壤中病原基数增大。由于萝卜栽培中连作较多，致使土壤中软腐病病原细菌基数逐年增大，这是萝卜软腐病加重发生的基础。更为严重的是，有的菜农将前茬无商品价值的大量萝卜直接砍碎翻入菜田当肥料，使土壤中软腐病病原细菌技术迅速增大，导致萝卜软腐病暴发。

雨水多、土壤湿度大。雨季栽培萝卜，由于雨水多，土壤湿度大，为病原菌细菌的繁衍提供了良好的湿度环境。而雨点撞击萝卜病部的后形成向外飞溅的小雨点，可直接将软腐病的病原菌向外传播，这是雨季萝卜软腐病易暴发的主要外因。

裂根和地下害虫为害加重了软腐病的发生。据调查，萝卜软腐病发病重的地块，往往也是裂根现象突出、地下害虫为害较重的地块，因为病原菌主要通过伤口侵入，而裂根和各种地下害虫为害会在萝卜根表面形成伤痕，为病原菌的侵入创造了条件，而且，萝卜软腐病的病原菌也能通过害虫传播。

5. 预防春萝卜先期抽薹措施

春季栽培萝卜如果先期抽薹，就会严重影响萝卜的品质，使之丧失营养和食用价值。因此，春季栽培萝卜应注意防止抽薹。采取的措施主要有以下几点：

播种前土壤须提早耕翻，以腐熟的有机肥和化肥作为基肥。

选择冬性较强的品种。冬性强，因而不容易提高春化阶段，也就不容易抽薹。

适期晚播。一般来讲，同一品种在同一地区播种越早，抽薹率越高，这是由于早播气温低，容易通过春化阶段。但是，播种过迟，即使不抽薹，由于营养生长期短，产量也低。因此，春萝卜应适当晚播。

加强栽培管理，提高萝卜的生长势。苗期勤中耕，提高地温，有利于促进萝卜的生长发育，加强肥水管理，能抑制抽薹。

6. 萝卜施硼个大心实

做基肥　在萝卜播种时，每亩用硼酸 300 克或硼砂 500 克，拌入 5～10 千克干细土中，充分拌匀后再过筛，然后做基肥施入种沟或种穴中。也可将萝卜籽混入拌有硼肥的干细土中，经充分拌匀，撒于种沟和种穴中。

拌种　用细土3～5千克兑水按每亩300克硼酸或500克硼砂掺入，一起搅成稀糊状，然后将萝卜籽和若干的干细土倒入，用手搓使含有硼肥的泥土沾附在种子表面制成种衣，待种子与种子之间能分离即可用于播种。

根外追肥　在缺硼的田块，从萝卜出现2～3片真叶开始至收获前15天左右，每亩每次用80～100克硼酸或120～150克硼砂兑清水50～60千克，配制成叶面肥，在晴天的傍晚喷施，每隔15～20天喷一次。

第3节　大　　蒜

1. 秋大蒜叶面追肥生长好

秋植大蒜因秋季温度高，雨水少，天气干旱而生长缓慢，茎瘦叶薄，主要原因是高温干旱天气影响根系对养分和水分的吸收和输送，使植株缺少肥水所致。如果在秋季秋大蒜生长发育过程中，每7～10天叶面喷洒一次0.1％的硫酸镁、0.2％尿素、0.3％磷酸二氢钾、0.5％硝酸钙、800倍腐植酸活性叶肥、1 000倍天然芸薹素、1 500倍圣农螯合肥混合液，连续喷洒3～5次，均匀喷施所有的叶片，以开始有水珠下滴为宜，就能明显增强秋大蒜抗秋季高温干旱的能力，促进根系生长，提高吸收功能，确保吸收足够的养分和水分并运输到地上部茎叶，使秋大蒜速生快长，茎壮叶厚，产量明显提高。

2. 如何防治大蒜缺素症

大蒜是一种喜肥、耐肥的蔬菜作物，因根系吸收能力差，故在施足基肥的前提下，要注意追肥的施用，及时满足大蒜生长对养分的需求。根据上述的施肥条件，一般不会有缺素症状。但因土壤条件的差异，也可能会产生以下缺素症状，应分别加以防治，以满足大蒜生长需要。

缺钙　大蒜缺钙时，叶片上出现坏死斑，随着坏死斑的扩大，叶片下弯，叶尖很快死亡。出现此状时，可喷施硝酸钾或氯化钙。

缺镁　叶片褪绿，先在老叶片基部出现，逐渐向叶尖发展，叶片最终变黄死亡。出现此状时，可喷施硫酸镁。

缺硼 新生叶产生黄化，严重时叶片枯死，植株生长停滞，解剖叶鞘可见褐色小龟裂。出现此状时，可喷施硼肥。

3.春季巧管理 大蒜保收成

春季随着气温的回升，大蒜进入返青生长期。春分前后，达到烂母期（又叫退母期）。由于受冬春低温干旱天气的影响，大蒜生长受到影响，苗情较差，弱苗蒜田偏多，必须加强管理。

蒜薹生长期管理 4 月开始防治蒜蝇和种蝇，每隔 7～10 天喷药一次，连喷 2 次。从 4 月下旬开始防治大蒜叶枯病、灰霉病等，每隔 10 天左右喷药一次，提薹前喷药 2～3 次。地膜蒜应在清明以后，待温度稳定后，除去地膜和杂草，每亩追肥二铵或钾肥 20 千克，并喷施高效叶面肥，然后浇一次透水。注意提薹前一周要停止浇水，以利于提薹。

蒜头膨大期管理 提薹以后，随之浇水一次（可随水冲施 10～15 千克高钾肥料），至收获前根据天气浇水 1～2 次，保持地面湿润状态，满足大蒜后期对水分的需要，并喷施一次防病药物，同时喷施叶面肥，巩固防治大蒜病害效果，确保大蒜丰收。

病虫害防治 大蒜的虫害主要是蒜蛆；病害有叶枯病、紫斑病、病毒病等。

4.掌握大蒜施肥的关键期

大蒜的施肥要点在大蒜的根系，肥料影响着大蒜的生长。

大蒜的根系是一种弦线状的肉质根，无主根，根系散在蒜瓣基部的茎盘上，没有根毛，或极少根毛。发根较浅，但根系较多，着生在 5～25 厘米的土层中。大蒜根系虽然较弱，但对肥水非常敏感。它虽然比较耐旱但是更喜欢湿润，它虽需肥量较大但又不能过量。因此，必须根据大蒜根系发育的特点，总结田间管理上的经验教训，在肥水管理上做如下改进。

少量多次施肥，注意前重后轻。丰产田的大蒜，每亩田需要施用纯氮 12～18.5 千克，五氧化二磷 10～11.5 千克，氧化钾 12～13.5 千克。底肥应占总施肥量的 60％～70％，每亩应施腐熟的人粪尿 1 500～2 000 千克，或腐熟的有机农家肥 2～3 米^3，配施饼肥 40～50 千克，或施生物有机复合肥 75～100 千克，配施碳铵 50 千克，或施高含量的三元复合肥 50～60 千克。大蒜出苗 2～3 叶期，每亩应追腐熟的人粪尿 1 000 千克，或尿素 10～15 千克。抽薹前每亩施尿素 10～15 千克。并可用惠满丰活性液肥，每亩 100 毫升、兑水 50 千克喷施。抽薹后根据大蒜长势，再酌情施用增瓣肥。

第 4 节　大　　葱

1. 大葱如何施肥好　掌握大葱施肥的关键期

施肥植株生长过快时，应追施一次“攻叶肥”，每亩施腐熟的农家肥 1 500～2 000 千克，过磷酸钙 20～25 千克。如果土壤肥力较高底肥充足，这次追肥可适当后延，肥料可改为人粪尿 750 千克，或撒施草木灰 100 千克、腐植酸铵 30 千克、过磷酸钙 30 千克，施肥后结合深锄，进行培土，随即浇水。白露节后进入葱白生长盛期，是大葱产量形成的关键时期，应结合浇水施肥“壮棵肥”两次，每次每亩施尿素 15～20 千克、硫酸钾 10～15 千克，追施于行间，浅中耕后浇水，以加快肥料的吸收利用。田间管理中心是促根，浇水要因天气进行，除久晴不雨外，一般情况要注意控制浇水，雨后排水防涝，防止烂根、黄叶和死苗。立秋至白露之间，灌水应掌握清浇、早晚浇水的原则。白露以后大葱进入生长盛期，灌水应掌握勤浇、重浇额原则。每隔 4～6 天浇 1 次水。霜降以后气温降低，大葱基本长成，需水量减少，要保持土壤湿润。收获前 5～7 天停止浇水，减少葱白水分含量，以有利于收获，延长储藏期。

培土结合水肥管理还要进行科学培土。培土是软化叶鞘、防止倒伏、提高葱白产量和品质的重要措施。从立秋到收获前，一般培土 3 次，前两次结合中耕，将垄土壅入葱沟内，处暑后将沟填平。大葱每次培土的高度应根据假茎生长高度而定，每次 3～4 厘米，将土培到最上叶片的出叶口处，切不可埋没心叶，防止叶片腐烂。

2. 春季大葱育好苗

择优品种　选择生长速度快、抗倒伏能力强、葱白粗长、生育期短、不易分杈、商品性好的品种，如章丘大梧桐、中华巨葱和河北巨葱等品种。

选地施肥　育苗田应选择土层深厚肥沃、排灌方便、土质疏松的壤土或沙壤土，前茬未种过葱、蒜、韭菜等百合科生产的地块。结合整地亩施优质农家肥 5 000

千克，复合肥 30 千克，精耕细耙，土肥充分混匀，做成 1～1.5 米宽、长 10 米的畦，以便于田间管理。

适时播种 大葱春播育苗，从播种到定植时间短，因此适期早播至关重要。播种在 3 月下旬，播种量一般亩播 2.5～3.0 千克，一亩秧苗可栽植 6～8 亩。采用撒播方式，播前先因地造墒，待水渗下后，将种子与适量草木灰或细土混合均匀，然后覆盖 0.5 厘米厚的细土，也可先撒种子，铁耙浅耧数遍，用脚踩实后浇水。两种方法最后均盖上地膜，既可增温保湿，又能及早出苗，一般播后 6～7 天出苗，比露地早出苗 1～2 天。

田间管理 当葱苗出到一半时，揭开地膜以免灼伤。齐苗后，对葱苗较密的点片及早间苗，确保每株苗均有相同的营养面积。生长期间，采取以促为主的管理方法，小水勤浇，少肥多施，保持土壤湿润和养分供应。随着温度升高，葱苗逐渐长大，肥水量需求增加，浇水和追肥量也相应加大，一般每次浇水 30～40 米^3/亩，追施尿素 5 千克。育苗期间注意防治杂草，可人工拔除，也可用除草剂化除。同时注意防治地蛆，减少弱苗率，确保葱苗群体整齐一致，个体粗壮。

3. 大葱要高产　减氮增钾是关键

大葱是生育期较长的百合科蔬菜作物。在我国黄淮流域，大葱栽培一般采用 9—10 月育苗，2—3 月移栽，5—6 月收割头葱或小葱；3—4 月育苗，6 月移栽，秋冬季收大白葱的种植模式。在这期间，要经历苗期、移栽缓苗期、发叶期和多次封根、葱白形成期等不同生育阶段。一般大葱的产量较高，一般亩产 3 000～6 000 千克的水平。大葱对氮、磷、钾养分吸收的比例约为 1∶0.4∶1.3，由此可见，大葱对钾和氮的需求较多，磷次之。所以在施肥的比例上，要注意钾肥的平衡供应问题。

尤其是在高产栽培和没有施用有机肥的条件下，更要注意补施钾肥。至于具体施钾量多少合适，氮、钾肥施肥比例，首先取决于土壤的供钾能力，其次，取决于大葱的目标产量有多少。

一般大葱在较高水平下推荐氮量大约为纯氮 20～26 千克/亩，偏施氮肥太多，再加上浇水量大，不仅浪费氮肥，提高了成本，而且产出的大葱不耐贮藏，品质下降，还会因为氮素流失对环境产生负面效应。所以氮肥数量要适当。在氮肥品种选择上，最常见的是尿素，但最适宜的氮肥品种是硫酸铵，因为大葱为喜硫作物。

在大葱施肥方法上也有讲究。全程施肥要分基肥与追肥两部分。基肥中最好亩施 4 000～5 000 千克腐熟优质有机肥，在整地时撒施在地面，耕翻土中。化肥基肥应施入全部磷肥，40％氮肥和60％硫酸钾肥，品种可选复合肥或单质肥。在选复合肥时，可以选用硫基通用型或专用型，不适宜高氮型复合肥。底肥的施肥深度一定要在15厘米左右。大葱的追肥可以分2～3次进行，将基肥剩下的60％氮肥和40％的钾，分别在盛叶期和葱白形成期的前中期和追肥施用。追肥的方法要水肥相融效果好，切忌大水大氮冲施，不仅会造成肥料的利用率低，而且夏天将尿素洒在地表，氮素挥发损失造成熏叶烧苗问题。

4. 秋季大葱肥水运筹技巧

在立秋到白露期间，浇水的原则是“轻浇、早晚浇”，结合浇水追施攻叶肥，每亩施用腐熟的农家肥1 500～2 000千克，过磷酸钙20～25千克，硫酸钾10千克，促进茎部快速发育。

白露节后，天气凉爽，昼夜温差加大，大葱进入葱白生长盛期，是大葱产量形成的关键时期，也是肥水管理的关键时期，应结合浇水追施“攻棵肥”两次，每次每亩施尿素15～20千克，硫酸钾10～15千克，追施于行间，浅中耕后浇水。浇水的原则是“勤浇、重浇”，经常保持土壤湿润，以满足葱白生长的需要。

霜降以后，天气日渐变凉，叶身生长日趋缓慢，叶面水分蒸腾减少，应逐渐减少浇水，收获前5～7天停止浇水，有利于收获储运。

5. 大葱种植有讲究

选种　选用适合当地气候，适合当地栽培习惯高产的地方葱籽。

苗地选择　大葱是忌连作的蔬菜，育苗地也忌连作。深翻晒白二次，休闲20天。大葱育苗期长达50～60天，因此苗地要亩施1 000千克腐熟农家肥。

定植　大葱对光照的需求偏低，所以适宜密植。定植深度以不埋没葱心为宜。

大田管理　①缓苗期管理。大葱秧苗定植后，老根很快腐烂，4～5天后发出新根，新根长出，新叶开始生长。多雨时葱种下去4~5天再浇水，可以防涝。如雨后田间出现沟内积水要及时排水，中耕。②促根生长期。大葱定植后如天气不十分干旱，一般不宜再浇水，应加强中耕除草，疏松表土，蓄水保墒，提高地果膨大活力，果面光滑，果型健壮，优质高产。③茎叶生长期。8月下旬至10月下旬，昼夜温差加大，是大葱生长的有利时期，此时追肥、浇水、培土三项工作应互相配合，每次培土，都不能埋没葱心，培土时可结合补施肥料。

病虫害预防 大葱因为是蔬菜，所以主要以预防为主，定植后使用生态药剂植物细胞免疫因子，提升植物抗逆性，可使病毒 DNA 断裂凋亡。强大免疫功能，诱生干扰素和活性细胞介素，抑制残余病毒复制，促进植物正能量生态生长。以寄主植物抗病机理及利用病菌毒性变异原理，控制植物生理性病害和侵染性病害繁衍。

第3章 叶菜类

第1节 白　　菜

1. 秋季大白菜优质高产栽培法

择优品种　大白菜品种很多，可分为直筒形、圆头形、卵圆形三个基本生态类型。但由于生长季节的原因，在选择上，必须选用抗病、耐寒、高产且耐贮藏的中晚熟品种。主要优良品种有：鲁西 3 号、山东 2 号、山东 5 号、丰抗 85 号等。

适期播种　大白菜根系较浅，吸收能力较弱，发叶速度快而生长量大，蒸腾水量多，喜肥沃、疏松、保水、保肥的中性或微酸性粉沙壤土、壤土和轻黏壤土。要求良好的排灌条件。北方多用垄作或平畦栽培，南方为高畦栽培。由于各地种植环境不同，各地都有合适的适宜播种期，自北向南从 7 月依次推迟至 9 月。

合理密植　种植密度因品种、地力和气候条件而异。大白菜不能连作，也不能与其他十字花科蔬菜轮作，这是预防病虫害的重要措施之一。5～10 厘米的沟，先顺沟浇水，水渗透后，将种子均匀地撒在沟内，并撒盖 0.8～1 厘米厚的细土，每亩用种量 0.5 千克左右。同一个品种，气候条件适宜，肥水条件好，密度可稍小；反之，密度宜稍大些。植株田间布局的方式也影响大白菜的生长，为便于田间操作，一般是行距大于株距。

苗期管理　直播大白菜待幼芽出土后，采取小水勤浇，保持地面湿润而降低地表温度的措施。在无雨的情况下，一般于播种当日或次日浇一遍水，应将垄面湿透；播种第三日浇第二遍水，促使大部分幼芽出土。出苗后及时间苗。并在 2～3 片或 4～5 片真叶时，各间苗一次，并除去杂草、病苗和弱苗。

移栽定植　苗龄一般在 15～20 天，幼苗有 5～6 片真叶时，为移栽的最佳适期。移栽最好在下午进行，根据品种的特性确定适宜的密度，栽后立即浇水。以后每天早晚各浇一次水，连续3～4天，以利于缓苗保活。

肥水管理 ①追肥。大白菜产量高，需肥量大，不光要施足底肥，还要及时追肥。幼苗期一般不追肥。若地肥不足，第一次可在3～4片真叶期，每亩施硫酸铵10千克，撒施于幼苗两侧，并立即浇水，称"提苗肥"；第二次在定苗或育苗移栽后，每亩施硫酸铵15～20千克，与垄两侧开沟施入，称"发棵肥"；第三次在莲座期，每亩施硫酸铵25～30千克，过磷酸钙10～15千克，将肥料施入沟内或穴内，再稍加培土扶垄，然后浇水，称"大追肥"；第四次在结球中期，每亩施硫酸铵15～20千克，可随水冲施，称"灌心肥"。②浇水。大白菜从团棵到莲座期，气温日渐下降，天气温和，此间可适当浇水，莲座末期可适当控水数天，到第三次追肥后再浇水。大白菜在进入球期后，需水分最多，因此，刚结束蹲苗就要浇一次透水，然后隔2～3天再接着浇第二次水。第二次浇水很重要，这时如土壤干裂，会使侧根断裂，细根枯死，影响结球。以后，一般5～6天浇一次水，使土壤保持湿润。

防治病虫 软腐病、干烧心、霜霉病、黑斑病等病害，会严重影响大白菜的产量和品质、除选用优良品种适时播种外，在白菜定苗缓秧后连续喷三次药，每7天左右一次，药剂可选用农用链霉素、中生菌素、30%琥胶肥酸铜悬浮剂等，可预防软腐病、黑腐病等细菌性病害。如大白菜发病须立即拔除病株带出田间深埋，可选用72%霜尿锰锌可湿性粉剂、烯酰吗啉等药剂治疗霜霉病，可选用苯醚甲环唑、晴菌唑等药剂，治疗黑斑病、炭疽病等真菌性病害。白菜出现干烧心，则要喷施含钙的叶面肥再加上锌铁硼多元微肥，连喷2次。

及时收获 大白菜生产后期，随着气温逐日下降，天气变化大。一般在收获前10～15天，停止浇水。小雪前后2～3天，应及时收获，并在田间晾晒，待外叶萎蔫，即可贮藏。大白菜在10℃以下生长缓慢，5℃以下停止生长，短时间0～2℃受冻尚可恢复，温度再低，受冻时间长则不能恢复。

2. 秋季大白菜中后期施肥管理

大白菜施钾肥前轻后重 实验证明，生产1 000千克的鲜菜需要从土壤中吸收2千克左右的纯氮。大白菜所需的氮可分别来自土壤、有机肥和化肥。在施用大量有机肥的条件下应当适量减少化学氮肥的施用量。施用适量氮肥有利于光合作用，是实现大白菜高产的关键。而有些边远地区可能出现氮肥供应不足，叶薄而色淡，组织粗硬，不仅影响产量，而且品质不好。但是，大多数地区生产中实际施氮量都超过了需求量，而过量施氮肥，不仅大白菜外叶肥厚，包心差，产量低和质量低，而且叶片含水量大，收获后不耐贮藏，容易腐烂，到生长后期易遭病虫害。因此，除了用量适当以外，氮肥施用时期也很重要。

在大白菜整个生育期中，不同阶段的吸氮量是不同的。苗期很少，约占总量2%。莲座期增加到28%左右的氮，包心期的吸氮量最多，约占总量的70%，因此，氮肥的施用要前轻后重。大白菜生育期长，施肥管理要施足基肥。在老菜地，土壤肥力高，适量施用有机肥即可，复合肥以磷、钾为主。在新菜地，既要重施有机肥，配合施用三元复合肥，也要注意有机肥与钾肥混合施用。

在追肥施用方面，大白菜从苗期至团棵期要控水控肥（主要控氮），除了特殊情况要施提苗肥以外，一般在莲座期要蹲苗，一是地上同化器官生长健壮；二是促进根系生长和下扎，为后期的快速生长与大量吸收营养打下基础。第一次追肥掌握在莲座期的关键时候。追施速效性氮、钾肥为宜，同时灌水，水肥之后即进入包心期。大白菜的第二次追肥是在包心初期和中期，主要追氮肥，最多两次，控制氮量。包心后期停止施氮肥。

要提高磷、钾肥的施用比例　在基肥和追肥中增加钾肥，有利于大白菜的包心和抗病性能。包心前期的追肥中要重视使用钾肥，包心期的大白菜如果磷、钾肥不足，就不易结球。目前，在蔬菜生产中，往往忽视钾肥的施用。适宜的施钾量一般为每亩氯化钾12千克或者硫化钾16千克。施用方法最好分基肥和追肥两次施用，基肥在定植时施于穴底，追肥是在莲座期结束蹲苗后，结合施氮肥和灌水一起进行。

要重视钙的供应　通过基肥中施用过磷酸钙，补充了钙的营养，这对预防大白菜“干烧心”病的发生是有力的。大白菜为喜钙作物，缺钙，尤其是过量施氮容易引起“干烧心”病。

3. 大白菜施肥的关键时期

结球白菜从种到收获商品蔬菜，一般都经历发芽期、幼苗期、莲座期、结球期等营养生长阶段。追肥主要在莲座期、包心前期和包心中期，而以包心前期为主。

大白菜易缺钙出现“干烧心”，要提高合理灌水、施肥、防止土壤盐化和喷施氯化钙、硫酸钙等叶面肥进行综合防治。苗期要通过精细整地和适度水肥管理，防治土壤干裂拉伤幼根和脱肥。

根据不同使用期特点，加强病虫害防治和注意适期收获。

4. 白菜缺硼、镁怎么办

缺硼 白菜在缺硼时，会在结球期出现叶柄基部和叶背木栓化，同时在叶片上有小黑点。如果在幼苗期出现了缺硼，新叶就会变形，而且叶小、厚，严重的会导致生长点坏死，结球白菜比油菜更敏感。因此，在种植的时候每亩施硼砂 0.3～0.5 千克；白菜结球前期出现了缺硼，要对叶子喷施两次浓度为 0.1% 的硼砂溶液。

缺镁 白菜缺镁也比较常见，不过在缺磷富钾的地块中最为常见。主要特征是结球初期老叶脉间黄化，导致不结球或软结球，最佳的治疗措施是采用浓度为 1%～2% 硫酸镁溶液进行叶面喷施。

白菜缺素症一般来讲就是因为营养成分的失衡，所以建议菜农在施肥时尽可能推行平衡施肥，改善土壤营养结构，避免缺素症状的出现，同时在施肥时也要注意把握施肥量。

5. 大白菜后期综合管理

追结球肥 每亩追尿素 15 千克加硫酸钾 7～8 千克，追肥后均需进行缓水沟灌，使水从畦的两侧渗透，不漫过畦面。另一次在结球中期，称“包球肥”，每亩施尿素 8～12 千克。也可喷洒叶面肥，用 0.1%～0.2% 的磷酸二氢钾，以每 7～10 天喷一次，共喷 3 次，喷洒时间以下午 5 点以后为好。

合理浇水 此期保持土壤湿润，有利于根系生长吸收，忽干忽湿容易伤害根系，一般 5～7 天浇一水，在收获前 10 天停止浇水，以免叶球含水量过多，不耐贮藏。

防治虫害 蚜虫可用 50% 抗蚜威可湿性粉剂 3 000 倍液喷雾或 10% 吡虫啉 2 000 倍液；菜青虫、甜菜夜蛾可用菊酯类药物＋辛硫磷防治；棉铃虫可用阿维菌素＋辛硫磷或抑太保防治，防治周期以 7～10 天为宜。

防治病害 主要病害有软腐病、霜霉病、病毒病。软腐病是一种细菌性病害，从莲座期到包心期发生，病菌从菜帮基部、叶柄、叶缘、叶球顶端伤口浸入，霜霉病属真菌性病害，从苗期到结球期均易发病。病毒病以蚜虫等带毒传播。发病时苗期心叶叶脉失绿，后产生浓淡不均的绿色斑驳或花叶；成株期叶片严重皱缩，质硬而脆，生长出许多小斑点，叶背主脉上生褐色凹陷坏死条状斑，植株明显矮化。防治：苗期做好蚜虫防治，病毒病发病初期用 20% 病毒 A 可湿性粉剂 500 倍或病毒必克 500 倍或 1.5% 植病灵 1 000 倍液防治，7～15 天一次，共喷 2～3 次；霜霉病可用25%甲基托布津600～800倍液、75%百菌清500倍液喷雾；软腐病、黑腐病用新植霉素4 000倍或72%农用链霉素可溶性粉剂3 000倍液防治，10～15天喷一次，连喷2～3次。

捆菜 对包球不实的品种，要在收获前5～10天(10月下旬)进行捆菜。捆菜过早影响产量，捆菜过晚易受冻害。

适时收获 大白菜叶球长成后，当日平均气温降到5℃时，要开始收获，一般在11月上旬，在小雪节气前收获完。

6. 秋播大白菜严防“三病三虫”

三大病害主要是病毒病、软腐病、霜霉病。

病毒病 又叫白菜抽风病、孤丁病。防治病毒病，要加强田间管理，做到“三水齐苗”“五水定棵”。满足大白菜出苗时对水分的需要，更重要的是降低地温，防止病害发生。施用充分腐熟的粪肥做底肥。栽培大白菜用的有机肥，必须腐熟后方可使用，千万不要施用生粪。增加磷钾肥，及时追肥，氮肥多次少量，结球期每隔7～8天喷一次0.3%磷酸二氢钾水溶液叶面肥。

苗期可喷高锰酸钾1 000倍液，或0.5%盐酸吗啉胍可湿性粉剂200倍液，隔8～10天喷一次，连喷2～3次。发病前或发病初期，可选用20%盐酸吗啉胍·铜可湿性粉剂500倍液，或5%菌毒清水剂300～400倍液、0.5%菇类蛋白多糖水剂300倍液、10%混合脂肪酸100倍液、0.5%香菇多糖水剂300倍液、1.5%植病灵乳剂800～1 000倍液、31%吗啉胍·三氮唑核苷可溶性粉剂800～1 000倍液、2%宁南霉素水剂500倍液等喷雾，以钝化病毒，防止蔓延。一般7天喷一次，连喷3～4次。在定植后可喷洒植物生长营养液(天达2116)水剂1 000倍液+20%盐酸吗啉胍悬浮剂1 000倍液，或7.5%克毒灵水剂1 000倍液、0.5%菇类蛋白多糖水剂300倍液等喷雾防治，隔10天一次，连续防治3～4次。

软腐病 又叫烂疙瘩、烂葫芦、水烂、腐烂病、脱帮。有机蔬菜可在大白菜苗期或发病初期，用丰灵可溶性粉剂150克，加水50千克，在白菜根部浇灌药液。或者浇水时，随水加入1%中生菌素水剂，每亩1～2千克。发病初期，可选用72%硫酸链霉素可溶性粉剂3 000～4 000倍液，或新植霉素可溶性粉剂3 000～4 000倍液、1%中生菌素水剂200倍液等喷雾防治，隔10天喷一次，连喷3～4次。病害刚刚发生时，在大白菜软腐病患处先用水喷湿，然后施上干草木灰。喷药时可配入磷酸二氢钾每亩200克。软腐病喜偏碱环境，在防治时每亩可加入食醋500～800毫升，有利于提高植株抗病能力。

无公害蔬菜可采用灌根方法，进入结球期，此时叶片上只要出现黄褐色斑点，即可采取药物防治，可用70%敌磺钠可湿性粉剂800～1 000倍液灌根，每株灌根500毫升溶液，隔7～10天再灌一次，连灌2～3次。也可选用50%代森铵水剂1 000倍液、或60%琥乙膦铝可湿性粉剂500～600倍液、40%细菌灵0.5克加水4千克、抗菌剂“401”500倍液等喷雾防治，做到喷灌结合，重点喷软腐病株及其周围菜株地表或叶柄，使药液流入菜心，效果更好。采用敌磺钠加尿素防治大白菜软腐病，效果更佳。具体做法是，在该病初发期，或大白菜莲座后期到结球初期，用1～2千克尿素加敌磺钠原粉对100千克水淋蔸，10天一次，连灌2～3次，每次每亩用药液1 300千克，防病效果达95%以上。

霜霉病　又叫跑马干、霜叶病、枝干、白霉病、龙头病。此病在苗期、成株期均可发生。发病猛，蔓延快，为大白菜三大主要病害之一。

有机蔬菜可在发病前喷2%嘧啶核苷类抗菌素水剂200倍液，隔7天喷一次，连喷2～3次。或用生防制剂1.5亿活孢子/克木霉菌可湿性粉剂每亩267克兑水50升喷雾，以5～7天喷一次。无公害蔬菜一般在大白菜的苗期、莲座期末期及结球初期进行防治，可选用80%或90%三乙膦酸铝可湿性粉剂500倍液、70%三乙膦酸铝·锰锌可湿性粉剂400倍液、50%甲霜灵可湿性粉剂500～1 000倍液喷雾防治。发病重时或出现中心病株时，可选用72%霜脲氰锰锌可湿性粉剂600倍液、或75%百菌清可湿性粉剂600倍液、64%恶霜灵可湿性粉剂500倍液、58%甲霜灵·锰锌可湿性粉剂500倍液、78%波·锰锌可湿性粉剂600倍液、1.5亿活孢子/克木霉菌可湿性粉剂200～300倍液、72.2%霜霉威水剂800倍液、68%精甲霜灵·锰锌可湿性粉剂1 000倍液、52.5%恶唑菌酮·霜脲氰水分散粒剂2 000～3 000倍液、70%丙森锌可湿性粉剂700倍液等药剂喷雾防治，隔7～10天喷一次，连喷2～3次。

三大虫害主要是夜蛾类、黄曲条跳甲和白粉蝶。

夜蛾类　主要是斜纹夜蛾、甜菜夜蛾，每年以7—9月为害最重。

有机蔬菜主要搞好田间管理，采取物理和生物防治手段。根据虫卵多产于叶片背面叶脉分叉处和初孵幼虫群集取食的特点，在农事操作中摘除卵块和幼虫群集叶片，深埋或烧毁，可大大降低虫口密度，利用频振式杀虫灯诱杀，每盏灯能有效控制30亩左右。或用糖醋盆诱杀，糖、醋、酒、水的比例为6∶3∶1∶10，再加入少量敌百虫。盆的位置略高于植株顶部，并设遮雨罩，盆在傍晚放置，第二天上午收回，捞出死虫，盖好备傍晚再用。在塑料大、中、小棚骨架上覆盖25目左右规格的防虫网。

无公害蔬菜要抓住未扩散前的1～2龄幼虫期施药挑治。当田间检查发现百株有初孵幼虫20条以上时，应尽快对聚集中心及周围植株施药防治。可选用5%氟虫脲乳油2 000倍液或5%虱螨脲乳油1 500倍液、15%茚虫威悬浮剂3 000倍液、10%虫螨腈悬浮剂1 000～1 500倍液、5%氟啶脲乳油1 000倍液等喷雾防治。7天左右一次，连续2～3次。喷药时水量要足，植株基部和地面都要喷雾。药剂要轮换施用。

黄曲条跳甲　9—11月为害严重。

防治黄曲条跳甲，应以农业的、物理的、生物的方法为主，适当辅以化学药剂。并根据虫害的发生发展规律，适时用药，讲究用药方法，才能又快又好地控制。此外，既要防地上的成虫，还要特别注意防治地下的幼虫。

有机蔬菜可利用黄曲条跳甲对黄色具有正趋性的特点，在略高于蔬菜植株的高度放置若干粘虫板进行诱杀。也可利用黑光灯敏感的特点，使用黑光灯诱杀。还可设置杀虫灯诱杀成虫。有条件的可用防虫网等阻隔成虫。采用生物杀虫剂茴蒿素500倍液，或2.5%鱼藤酮乳油500倍液等喷雾防治。

无公害蔬菜可用5%辛硫磷颗粒剂(3千克/亩)处理土壤，对药除幼虫和蛹效果好，残效期达20天以上。药除幼虫，可选用50%辛硫磷乳油，或18%杀虫双水剂、90%敌百虫晶体100倍液淋根，持效期可达15天。药除成虫，应播种12天后开始喷药，可选用50%敌敌畏乳剂1 000倍液、5%氟啶脲乳油4 000倍液、5%氟虫脲乳油4 000倍液、20%氰戊菊酯2 000～4 000倍液等喷雾防治。

根据成虫的活动规律，有针对性地喷药。温度较高的季节，中午阳光过烈，成虫大多数都潜回土中，一般喷药较难杀死。可在早上7—8时或下午5—6时喷药，此时成虫出土后活跃性较差，药效好。在冬季，上午10时左右和下午3—4时特别活跃，易受惊扰而四处逃窜，但中午常静伏于叶底午休，故冬季可在早上成虫刚出土时或中午、下午成虫活动处于疲劳状态时喷药。喷药时应从田块的四周向田的中心喷雾，防止成虫跳至相邻田块，以提高药效。加大喷药量，务必喷透，喷匀叶片，喷湿土壤。喷药动作宜轻，勿惊扰成虫。配药时加少许优质洗衣粉。

菜粉蝶　主要以幼虫(菜青虫)为害大白菜。

有机蔬菜应加强田间管理，用防虫网全程覆盖栽培，在塑料大棚、中棚或小棚骨架上覆盖防虫网，整地时一次性施足底肥，然后播种或移栽，再将网底四周用土压实，浇水时中小棚可直接从网浇入，大棚可由门进入操作，注意进出后随手关门。无论大中小棚，栽培空间均以植株长成后不与防虫网接触为宜。

在常规栽培条件下。每隔3～5天检查一次虫情，苗期发现百株有卵20粒或幼虫15条以上，或在旺长期、包心后期百株有卵或幼虫200条以上，需抓住1～3龄幼虫居多时施药防治。防治初孵幼虫，可先用20%除虫脲乳油500～1 000倍液，或5%氟啶脲乳油2 000倍液、3%四氟脲乳油1 200倍液、1.8%阿维菌素乳油2 000倍液、5%氟虫脲乳油2 000倍液、25%灭幼脲悬浮剂750～1 000倍液等喷雾防治。也可选用苏云金杆菌乳剂700倍液喷雾，配液时加入0.1%洗衣粉，选择气温高于15℃的阴天、多云天使用，或在晴天下午4时后使用。虫口密度大、虫情危急时，可选用2.5%溴氰菊酯乳油2 000～3 000倍液，或20%氰戊菊酯乳油1 500～2 500倍液等喷雾防治，对防治3龄前幼虫的效果在90%以上。

7. 白菜遇到缺素症该怎么办

缺钾 注意用肉眼观察，白菜缺钾的沿老叶边缘出现黄白色斑点，逐渐扩大呈青铜色枯斑，并发展到内叶，最后叶片坏死枯凋，内部表面变为褐色。这种现象可结合追肥在莲座期或结球期亩施磷酸钾1～2千克。

缺硼 白菜在缺硼时，会在结球期出现叶柄基部和叶背木栓化，同时在叶片上有小黑点。如果在幼苗期出现了缺硼，新叶就会变形，而且叶小、厚，严重的会导致生长点坏死，结球白菜比油菜更敏感。因此，在种植的时候每亩施硼砂0.3～0.5千克；白菜结球前期出现了缺硼，要对叶子喷施两次浓度为0.1%的硼砂溶液。

缺钙 表现为干烧心，生长点枯萎，球心叶尖端和叶缘呈灰白色，严重时不包心结球。在苗期、莲座期及时浇水，防治干旱；也可在包心期连续喷施0.7%氯化钙溶液或喷施宝等复合肥。

缺镁 白菜缺镁也比较常见，不过在缺磷富钾的地块中最为常见。主要特征是结球初期老叶脉间黄化，导致不结球或软结球，最佳的治疗措施是采用浓度为1%～2%硫酸镁溶液进行叶面喷施。白菜缺素症一般来讲就是因为营养成分的失衡，所以建议菜农在施肥时尽可能推行平衡施肥，改善土壤营养结构，避免缺素症状的出现，同时在施肥时也要注意把握施肥量。

8. 秋白菜地蛆病防治方法

土壤处理 在大白菜种植之前，每亩可用2.5～3.5千克硫磷颗粒剂与化肥混合后施入土中，可杀灭蝇的卵和幼虫。

糖醋液诱杀 根据萝卜蝇具有舔吸糖醋液的特性进行诱杀。用糖0.5千克，醋1千克,水7.5千克,加20克敌百虫粉剂,制成混合液,在田间每隔8～10米挖一个坑,按坑的大小放入一个塑料袋,倒入混合液100克,每10天左右添一次混合液,可杀死大量的成虫。

地面喷药　当大白菜长至2～3片真叶时,每亩用2.5%敌百虫1～1.5千克,或每亩用0.5～1千克乐果粉剂,进行田间地面喷粉,以防止种蝇入田产卵。

菜根喷药　在大白菜长至6～8片叶时,可用草木灰、石灰粉和2.5%敌百虫粉混合,比例为2∶1∶1,撒施在菜根四周,以阻止种蝇产卵和杀死入土前幼虫。

药剂灌根　当发现大白菜有根蝇为害时,可用90%的晶体敌百虫1 000倍液,或用40%的乐果乳油1 500倍液,或50%的辛硫磷乳油2 000倍液进行灌根,每株灌药液200克左右,使药液从白菜心流到根际周围,保证根部土壤湿润,一般灌根1～2次,即可杀死地蛆。

追施氮肥　追施氮肥水也可防止地蛆发生。在白菜定植后30天左右,用氨水1千克及清水1千克,搅拌均匀后灌根,每株灌150～200克,或者结合秋白菜灌水,将氨水慢慢倒入流水中进行沟灌,既可防止地蛆的发生,又能起到追肥的作用。

9. 夏天大白菜巧栽培

选用良种　夏季高温多雨或干旱,对夏大白菜生长发育不利,选择耐热、抗病、早熟品种非常必要。应选择在高温长日照条件下结球紧实、短缩茎不明显伸长,抗病、生育期在45～55天的品种。

栽培选地　选择地势高、排灌条件好、土壤疏松肥沃的地块。施足底肥,高垄栽培。前茬以大蒜、圆葱等最好,以减轻病毒病的危害。避免与西瓜、番茄等易感病毒病的作物为邻或作前茬。夏大白菜生育期短,生长快,应多施腐熟有机肥,以提高土壤透气性和保肥保水能力。

适时播种　耐热夏大白菜品种冬性较弱,播种过早易早抽薹,同时结球较小;播期过晚达不到增产增效的目的。一般可在5—7月分期播种,在垄上开播种沟,确定株距穴播,每亩3 300～3 500株为宜。

病虫防治　夏大白菜易感染软腐病、病毒病,蚜虫、菜青虫、小菜蛾、猿叶虫等为害也较重。预防病毒病应加强苗期浇水保墒,及时灭蚜除草,切断传播途径。避免蚜虫为害,可采用银灰色遮阳网覆盖营养钵育苗,幼苗有5～6片真叶时定植。结球期注意防治软腐病,药液要喷在叶柄及茎部,发现病株及时清除。烧心病多因高温干旱造成,应加强肥水管理。

肥水促早 肥水齐攻，一促到底，不缓苗。追肥应少量多次。一般在幼苗期和定苗后灌施适量冲施肥。莲座期和结球初期，在垄沟两侧追施生物有机肥配适量高氮复合肥，并适当培垄，浇水 1～2 次。

第2节 芹 菜

1. 芹菜苗期的肥水管理

出苗前畦面要经常保持湿润。有简单遮荫物的苗畦，因蒸发量较少，在浇透底水后一般不需再浇水。没有遮荫物的的苗畦，因气温高，蒸发量大，要注意应在早晨或傍晚经常浇小水，一般 1～2 天浇一次。早春或冬季育苗，一般不需要浇水，以防降低地温。

出苗后至第一片真叶展开要经常浇水，保持畦面湿润，防止烈日晒伤幼苗。一般 2～3 天浇一次小水。

秧苗长至 3～4 片真叶时，根系开始扩大，吸水能力逐渐增强，浇水次数要逐渐减少，使畦面见干见湿，以促进根系的发育和加速幼叶的分化。若浇水过多，易导致幼苗徒长，不利于培养壮苗。在 2～3 片真叶以后，可结合浇水进行 2～3 次追肥，追肥量要掌握少量多次的原则，一般每隔育苗畦冲施尿素或三元复合肥 0.25～0.5 千克。根据苗情，在苗期还可结合防治蚜虫施 1～2 次叶面肥。

2. 大棚芹菜防空心

冬季大棚芹菜经常会发生空心的现象，造成芹菜纤维素增多，品质变差，产量下降，芹菜的商品性能降低，进而影响菜农的收益。高温干旱、肥料不足、病虫为害、缺乏硼素、芹菜受冻、收获过迟等因素，均能导致芹菜空心。为此，在生产上可采取以下防治措施：

科学浇水 为避免芹菜空心现象的发生，要做好水分的管理。在生产上，菜农往往因怕浇水次数多会造成温度的下降，从而影响芹菜的正常生长，致使芹菜生长没有足够的水分供给。其实，只要浇水适宜，不会影响芹菜的正常生长。一般每隔 15 天浇水一次，浇水量不宜过大，浇小水即可。特别在生长旺盛时期，一定要保证充足的水分供应，在收获前 15 天左右，浇水要足量。

调控温度　芹菜属耐寒性蔬菜，要求冷凉湿润的环境条件，棚室内栽培芹菜的，白天气温以15～23℃为宜，最高不超过25℃，夜间保持在10℃左右，以减少呼吸消耗，避免空心，但要不低于5℃，否则易发生冻害和早期抽薹。棚室适当通风，以降低空气湿度，减少病害，使叶柄充实肥大。

合理施肥　在施足底肥的基础上，生长期追肥以速效氮肥为主，配合增施钾肥，每次施用量为20～25千克，每隔15天追一次。选用0.3%～0.5%硼砂溶液进行叶面喷肥，对预防空心病有明显的效果。

适时收获　收获不能太晚，如果收获偏晚，叶柄老化，叶片制造营养物质的能力下降，根系吸收能力减弱，营养不足，而使叶柄中的薄壁组织破裂，造成空心现象的发生。

3. 芹菜缺钾、钙、镁症状及其防治措施

缺钾　外部叶缘开始变黄的同时，叶脉间产生褐色小斑点，初期心叶变小，生长慢，叶色变淡，后期叶脉间失绿，出现黄白色斑块，叶尖叶缘渐干枯。然后老叶出现白色或黄色斑点，斑点后期坏死。根系短而少，易早衰，严重时腐烂。防治措施：增施钾肥，多施有机肥；出现缺钾症状时，应立即追施硫酸钾等速效肥，也可叶面喷施1%的硫酸钾溶液或1%的草木灰浸出液。

缺钙　植株缺钙时生长点的生长发育受阻，中心幼叶枯死，生长点附近新叶顶端叶脉出现白色乃至褐色斑点，斑点逐渐扩大而相连，叶缘枯死。其发生原因主要是土壤本身缺钙，或土壤盐分含量高，土壤氮多、钾多、土壤干旱，从而抑制了对钙的吸收。防治措施：土壤钙不足，增施含钙肥料；调整土壤中各元素的含量，均衡施肥；及时灌溉，防止干旱；也可叶面喷施1%过磷酸钙溶液或0.3%～0.5%氯化钙溶液，一般每隔7天左右喷一次，连喷2～3次即可见效。

缺镁　叶脉黄化，且从植株下部向上发展，除了叶脉、叶缘残留点绿色外，叶脉间均黄白化，嫩叶色淡绿。防治措施：栽培前要施用足够的含镁肥料，缺镁时可喷施0.5%硫酸镁溶液2～3次，每隔7天左右喷一次。

4. 秋植芹菜用生物菌肥作基肥好

在种植芹菜时，用生物菌肥做基肥，效果好。做法是：每亩生物菌肥150～200千克，均匀撒施在要种植芹菜的田地上，再用犁耙耕翻，使生物菌肥与土壤充分均匀接触，整理成畦后，再移栽芹菜幼苗。这样，芹菜幼苗出根早而快，新根多，根系

发达，吸收能力强，能吸收充足的水分和养分供幼苗生长，使幼苗长得快，健壮、抗病，特别是不容易感染根腐病、枯萎病和软腐病，不会出现烂根死苗和茎叶下重腐烂现象，产量和品质都明显提高。

5. 西芹生物学特性和栽培管理

西芹是一浅根性蔬菜，根系吸收能力弱，其根群主要分布在地表下 10～20 厘米的土层，横向分布 30 厘米左右，鉴于此，在西芹生长的旺期，能否及时供给足够的水分将直接影响西芹的产量和品质。西芹的叶柄较宽，厚而扁，纤维少，多实心。如果西芹的栽培密度大，叶柄长而窄，反之，叶柄宽而短。正常情况下，构成产品的叶有 8～13 片。

西芹要求冷凉湿润的环境条件，生长适宜温度为 15～20℃，30℃以上的高温仍可生长，但超过 26℃生长不好，品质低劣，但苗期耐高温；4～5 片叶的幼株可忍受－12～－10℃的低温；成株可耐短期－10～－8℃的低温。西芹为绿体春化植株，具有 3～4 片叶的幼苗，在 2～5℃的低温下，15～20 天即可通过春化阶段。植株通过春化阶段后，在长日照和高温下，抽生花茎并开花、结实。西芹要求中等强度光照，强光照抑制纵向生长，而促进横向生长。在强光照下，叶柄的纤维程度高，品质下降。

西芹幼苗生长缓慢，苗期较长，而根系吸收能力相对较弱，因而对水分的要求很严格。植株进入缓慢生长期后，需水较幼苗期少。植株进入旺盛生长期后，地表布满白色须根，这时需水量最多。

西芹对矿物质的要求是，生长前期以氮、磷为主，生长后期以氮、钾为主。西芹对硼和钙的需求量很大，缺硼时，叶柄易裂；缺钙时，易发生黑心病。

西芹一年四季均可栽培。但一般在栽培前需培育壮苗，一般每亩用种量 30～50 克。过去人们一般提倡 50～60 天的苗龄，现在一般推广 90～100 天的大苗。

育苗　如在低温季节育苗，一般需浸种催芽，清水浸种 12～24 小时，催芽温度 15～20℃，播后上覆细沙 1 厘米或细湿土 0.5 厘米，后盖膜保湿保温。

定植　定植的密度依品种本身的大小和对商品大小的需求而定，一般单株重在 700～1 000 克的，株行距应为 25～35 厘米；单株重在 300～600 克的，株行距应为 17～25 厘米；单株重在 250～300 克的，株行距应为 13～17 厘米。

定植后的管理　白天温度一般保持 15～20℃，夜间 5～10℃，尽量争取夜温不低于 5℃。苗高 15 厘米左右，开始接近封垄时追肥浇水，每次每亩用硝酸铵 15～

20 千克或用硫酸铵 25～30 千克，以后 3～5 天浇 1 次水，15～20 天追 1 肥。50～60 天后可采果。

6. 夏芹菜要叶面追肥防茎叶下垂

夏季种芹菜容易出现茎叶下垂现象，使植株早衰，茎瘦叶薄，不但产量低，而且纤维多，品质差。如果在芹菜生长发育期间每 10～15 天叶面喷洒一次 0.1%硫酸镁、0.2%磷酸二氢钾、0.3%硝酸钙、600 倍氨基酸复合微肥、1 000 倍三十烷醇、1 500 倍圣农素螯合肥混合液，连续喷洒 3～5 次，均匀喷湿所有的茎叶，以开始有水珠往下滴为宜，则能有效地防止芹菜茎叶下垂，使芹菜茎叶直立，茎壮叶绿，不早衰。

7. 芹菜肥水管理要诀

芹菜早熟栽培中一般不进行蹲苗。定植后用肥水猛攻，促进生长，以免营养生长受抑制而加速了抽薹开花。定植后及时浇定植水，缓苗后根据土壤情况再浇一次缓苗水。如果定植期较早，气温低，土壤蒸发量小，土壤湿润，则不必浇缓苗水。缓苗后进行一次中耕除草，提高地温，促进根系发育。

生长前期浇水次数应少些，以免过度降低地温，影响生长，但要保持土壤湿润。随着外界气温升高，逐渐增加浇水次数。特别是进入芹菜迅速生长期后，芹菜的需水量加大，应及时浇水，保持土壤处于湿润状态。一般 3～4 天浇一次大水。

第3节　油　　菜

1. 培育油菜壮苗　高产才有保障

油菜要高产，培育壮苗是关键。育好、育壮油菜苗，有利于油菜冬前早发快长和安全越冬，为来年丰收打好基础。因此育苗应注意以下几点：

留足苗床　选背风向阳、土壤疏松肥沃、有排灌条件、管理方便的地块做苗床，按苗床与大田 1∶(5～6)比例预留。

精细整地　苗床要深犁细耙，精细整地，做到厢平土碎，上松下实，以利于种子发芽和出苗。一般畦宽 1.3～1.5 米。畦沟宽 0.3 米，并开好四周排水沟。如果用稻田做苗床，要及时翻耕晒垡，耙细耙平，按标准开沟做畦，畦面宽一般 1.3 米，厢沟30厘米，同时要开好腰沟和围沟。

施足底肥 苗床底肥宜浅施。整地时，每亩施腐熟猪牛粪或土杂肥1 000～1 500千克，钙镁磷肥20～25千克，碳铵25～30千克，硼砂0.25千克。施肥后耙平表土层即可播种。

适时早播 适时播种，是夺取高产的关键措施之一。播种过早，冬前易形成旺苗，造成冬前抽薹，易遭冻害。播种过晚，苗小苗弱，难以实行壮苗安全过冬。各地应根据本地气候特点适时早播。播种前晒种1～2天，播种时每千克种子用50%多菌灵可湿性粉剂或40%多菌灵胶悬剂20～30克进行拌种处理，可有效减轻苗期病害发生。一般每亩苗床播种0.4～0.5千克。播种时要做到按田定量，下籽均匀，深浅一直，播种后用土粪盖好籽。如遇干旱及时浇水，或泼稀薄粪水，以保证苗床土壤湿润，促使出苗整齐。

早间苗定苗 为防止幼苗密度过大，造成生长拥挤，互相争阳光，消耗大量水分和养分，影响壮苗的培育，必须及早间苗、定苗。出苗后即间去过密苗，长至1～2片真叶时间去小苗；3～4片真叶时定苗。间苗时要做到去弱留壮，去小留大，去劣留纯，去病留健。另外，在间苗的同时应拔出苗床杂草，以防草荒。

适量追肥 间苗后每亩用腐熟人畜粪两担兑水5～6倍浇施，定苗后用人畜粪加5千克尿素浇施，5叶期注意控制肥水，移栽前一周施"送嫁肥"，每亩追施尿素3～4千克。

化学调控 三叶期每亩苗床用15%多效唑50克或5%烯效唑20克，兑水50千克一次性均匀喷施，可有效控制高脚苗。

加强病虫害防治 油菜苗期易遭受蚜虫、菜青虫等为害，要及早用40%乐果乳剂1 000～1 500倍液，或用50%甲氰菊酯1 000倍液，或用阿维菌素40毫升兑水50千克喷雾防治。另外，三叶期和移栽前6～7天最好各喷洒一次多菌灵和托布津，以预防霜霉病、菌核病等病害的发生和蔓延。

2.越冬油菜注意苗期施足底肥

为了促进油菜早发壮苗，要在施足底肥、培育壮苗、及时移栽的基础上，重点采取以下措施：

间苗定苗 要求早间苗，稀定苗。掌握原则是间密留稀，去弱留壮，调整株间距离，保持均匀。一般分2次间苗，第一次在齐苗后出现第一片真叶时进行，间到叶不搭叶；第二次间苗在第二片真叶出现时进行。三叶期定苗，留苗密度根据油菜播种早迟、秧龄长短和秧苗生长状况而定，一般保持苗距7～10厘米。播种量小的可只间一次苗。

早施、施足苗肥　试验证明，苗期缺氮15天或缺磷25天，油菜亩产分别会减少27.4%～27.1%，移栽后5天追肥的比移栽后20天追肥的油菜每亩增产24.3%。在干旱地区和年份，施肥应结合浇水进行，即带水追肥，以水促肥。苗期施肥量应占总施肥量的40%左右，在施足基肥的基础上，追施尿素等氮肥两次。对移栽油菜除应追施2次氮肥外，还应适当追施腊肥一次。对直播油菜，应在第一次间苗时和定苗后各追肥一次。在苗期除应追施氮肥外，还需注意追施磷肥。缺磷会影响油菜的花芽分化和根系发育。另外，苗期还应注意硼肥的供给。

抗寒排渍　我国油菜产区冬季少雨，尤其是黄淮区和长江中游，秋冬多干旱。当土壤相对湿度低于70%时，油菜下部叶片发红，全株暗绿无光泽，或中午叶片萎蔫，就应立即灌溉，抗寒促早发。旱情较轻时，可结合施肥提苗，浇水抗旱。干旱严重时，可进行沟灌，浇水次数应根据苗期和土壤质地而定。也要视地区条件而定。如黄淮油菜产区，在秋冬季和返青后要浇水5～6次。浇水忌大水漫灌，以免油菜受淹，土壤板结，影响油菜根系发育，形成僵苗不发。在秋雨多的地区要注意清沟排渍，降低地下水位。

中耕松土　中耕松土应掌握早松土、勤松土的原则，并配合施肥，培土壅根等措施，中耕松土的时间和次数、深度应根据油菜生长情况、土壤状况、气候特点和杂草生长情况而定。对直播油菜，一般在全苗后出现2～3片真叶时结合间苗、追肥进行第一次中耕，当有4～5片真叶时，结合定苗，追肥进行第二次中耕，此后在低温来临之前再中耕一次。对移栽的油菜，应在幼苗移栽返青后结合追肥进行一次中耕，以后在冬前再进行1～2次中耕。此外，在每次浇水和降雨后，也应适时进行中耕松土。中耕深度宜先浅后深，避免伤根过多，即第一次中耕浅，第二次、第三次中耕深。水田油菜中耕可稍深，旺长油菜也应深耕，以切断部分根系，控制地上部分生长，使旺苗变壮苗。但在冬季较寒冷年份或地区，为了防冻保湿，一般不宜中耕。中耕松土时，一定要注意培土壅根，以增强油菜的抗寒能力。

3. 如何应对油菜“红叶苗”

油菜在冬季往往会形成大量“红叶苗”，其成因及相应的防治措施是：

缺氧　植株矮小、新叶出生慢、叶片少而小、呈黄绿色至黄色、叶缘呈红色。

防治措施：每亩追尿素8～10千克或碳铵20～30千克，或者用750～1 000千克人粪尿兑水浇施;后期缺氮,用1%~2%尿素溶液叶面喷施。

缺硫 油菜缺硫时,植株矮小,呈淡绿色,与缺氮症很相似;叶缘出现较大的缺口,并皱缩成杯状,叶背面、叶脉和茎等部分变成紫红色。

防治措施:结合中耕,每亩撒施硫黄粉1~2千克,或石膏粉50千克。

缺硼 油菜是喜硼作物,其干物质中硼的含量比小麦、水稻等禾本科作物高32.5~36倍;缺硼时,叶片最初变为暗绿色,叶形变小,叶质增厚,变脆、叶端反卷,皱缩不平。其后从靠下方的中部叶片边缘开始变成紫色,并向内部发展,继而变成蓝紫色;叶脉及其附近组织变黑,结果形成一块块紫斑。最后部分叶缘枯死,整个叶片变黄,提早脱落。

防治措施:用0.1%~0.2%硼砂溶液叶面喷施。

干旱 油菜苗期遇旱,土壤水分不足,会使油菜根系吸水吸肥困难,导致油菜生长缓慢,植株矮小,叶片变为淡红色。

渍涝 寒冬前雨水过多,或板田移栽,滤水不畅,造成渍水伤根僵苗,叶色变为暗红色,有的还会烂根死苗。

防治措施:及时开沟滤水,降低地下水位;中耕松土,改善土壤通透条件,促进根系发育。

冻害 冬季气温骤然降到0℃以下时,叶片受冻也会出现红色。

防治措施:结合中耕清沟,培土壅根,增施有机肥料,减轻冻害。

4.油菜底施硼肥好处多

一是肥效长 硼肥正确底施,不但不会影响幼苗生长,还能直接被幼苗所吸收,增强油菜越冬抗性。油菜在生长过程中,不断增加吸硼量可满足后期开花结实的需要,花期不需喷硼。

二是省工增效 硼肥拌合在底肥中施用,无须额外增加投工,且肥效不受外界条件的影响。如油菜花期喷硼,一般要喷两次,费工时,喷后如遇雨,还需重喷,如遇不良天气,还会贻误时机,后期下田受植株影响,操作不便,喷施质量和效果难以保证。

三是增产显著 据小区试验、大区对比试验和大田生产情况表明,硼肥底施比叶面喷施一般可增产35%以上。

5.油菜根肿病巧防治

油菜根肿病是一种真菌性病毒,其病原菌甘蓝根肿菌不仅为害油菜,还可侵染白菜、萝卜、甘蓝等多种十字花科蔬菜。近年来，油菜根肿病的普遍发生，严重影响了十字花科蔬菜的生产。根肿病防治的措施如下：

选择抗病品种，培育无病壮苗　种植抗病品种是防治根肿病最有效的措施。

苗床地选择　应选择通风向阳、土壤肥沃疏松，近两年来未种过十字花科作物的地（田）块。

通过调节土壤酸碱度来防治根肿病　结合整地在酸性土地亩施生石灰100～150千克，均匀撒施于土表，并增施有机肥，亩施腐熟农家肥1 000千克左右，适当增施草木灰，通过整地充分拌于土中。

实行轮作　由于休眠期孢子的抗逆性强，发病严重的油菜田，实行4～5年的轮作。在轮作年限内不要种植油菜和十字花科蔬菜，发病轻的田块可以轮作一年小麦，减轻发病。

选择晴天定植　蔬菜实践证明，定植后1～2周是晴天，就能大大减轻发病。

发现病株，及时拔出　清除病株，携出田外统一烧毁或深埋，不可任意扔在田埂或水渠里，在病穴四周撒石灰，以防病菌蔓延。

合理排灌　及时排除田间积水，降低土壤湿度，减轻发病。

药剂防治　①苗床地消毒：用50%敌克松400倍液或50%多菌灵300倍液进行土壤消毒。②苗期防治。油菜真叶展开期是防治关键时期，用70%百菌清600～800倍液喷淋或浇施整个苗床。③移栽时，用90%根肿消或80%根肿灵1 000倍液浇根1次，每塘每次用药300～500毫升。④移栽发病后，用75%的百菌清可湿性粉剂800倍液或75%的敌克松可溶性粉剂500～1 000倍液灌根，每株0.4～0.5升。

第4节　韭　　菜

1. 韭菜栽培讲方法

夏季高温多雨，韭菜夏季管理要注重除杂草、排水涝，加强肥水管理和病虫害防治，并减少收割次数，促进韭菜旺盛生长。

免割　夏季高温导致韭菜营养积累少、消耗大，影响植株生长，且叶片组织纤维增多，质地粗糙，生长减弱。从6月下旬至8月上旬应停止收割，以利于养根。8—9月可收割1～2次，9月下旬后停止收割。最后一次收割，割茬应稍高一些。

尤其是前年栽植的韭菜在夏季高温期间停止收获，每天早晚用喷壶洒水各一次，保持地表湿润，但不能泼浇。由于免割、肥水足、生长势旺等有利因素，韭菜夏季常有倒伏现象。倒伏后易腐烂，并诱发疫病，造成死亡。防止倒伏的措施是：氮肥不过量；浇水勿过量；遇暴雨时勤防涝；韭菜叶片过长可能发生倒伏时应剪短韭叶。

除草 夏季高温、秋季多雨，杂草滋生，影响韭菜生长，要及时将其拔除。

摘薹 由于韭菜开花结实时会大量消耗养分，影响植株生长、分蘖和营养物质的积累，从而影响来年产量。因此，除采种田外，还应在韭薹幼嫩时及时摘除，培养高产植株。

防治枯萎病 夏秋季高温，或雨后烈日暴晒，易发生枯萎病，症状表现为在接近地面处发生水烫状的病斑，严重时全株枯死。管理上要注意排水防涝并摘除黄叶保持行间通风良好，减轻病害。还可用50%多菌灵500倍液灌根防病。

防治韭蛆 夏季韭蛆发生较为严重，可用50%辛硫磷800倍液结合浇水缓缓流入水沟即可。也可在割完韭菜施肥整地时撒施辛硫磷颗粒剂或在韭蛆幼虫发生盛期亩用20%韭蛆净0.75～1千克兑水1 000千克根部浇灌。

2. 温室韭菜巧管理

肥水管理 韭菜生长要求较低的空气温度和较高的土壤湿度。温室空气湿度控制在60%～70%，土壤绝对含水量控制在13%～15%。一般黏重土壤若扣棚前浇过冬水的不再浇水。为促进下一茬韭菜的生长，可在第一茬韭菜收割前5天浇一次水，每亩用15～20千克硝酸铵溶化后随水浇施，以后每茬韭菜收割前5天都要浇水增施肥料。

合理控温 韭菜喜冷凉环境，生长的适宜温度为15～24℃，白天应适当放风。为促进萌芽，扣棚后白天温度应控制在18～25℃，萌芽后白天控制在17～23℃，第一茬韭菜收割前白天温度控制在15～22℃，夜间温度控制在10～12℃，以后每割一茬韭菜温度可提高2～3℃，但不可超过30℃。

叶面施肥 生长期每7天喷一次磷酸二氢钾300倍液或赤霉素4万倍液。当韭菜长到15厘米时，喷施蔬菜壮茎灵，可使植物茎秆粗壮、叶片肥厚、叶色鲜嫩，植株茂盛，天然品味浓。同时可提升抗灾害能力，减少化肥农药用量，降低残毒。

合理喷药 生长期每7天喷一次新高脂膜+蔬菜壮茎灵，可防止病菌侵染，提高抗灾能力和光合作用强度，减少农药化肥用量，降低残毒，同时可使韭菜茎杆粗壮，叶色鲜嫩、品味浓，生长旺盛。

3. 秋季韭菜重养根

秋后气候转凉，光照充足，降水渐少，韭菜光合作用旺盛，生长迅速，营养向根系积累，是壮苗养根的关键时期，所以秋季要加强水肥管理、病虫防治，促根系发育，为明年早萌芽和提高产量打下基础。

肥水管理　立秋后气温渐低，有利韭菜生长。在韭菜迅速生长之前，应进行一次追肥，每亩追施腐熟豆饼 300～500 千克。追肥时用竹竿从行间把韭菜拨向两侧，露出行间地面，开小沟，内撒放豆饼，然后盖土。施肥后浇一次大水。也可先浇水，待畦面适宜后，用竹竿从行间把韭菜分向两侧，将豆饼撒施于行间，接着锄划，将豆饼与土混匀再踏实。以后每 5～7 天浇水一次，连浇 4～5 次。

停割防倒　韭菜养根期间停止收割，停割后韭菜生长快，易倒伏，田间隐蔽后，易发生病害烂叶状况，因此，要在菜畦两边支架，畦内拉铁丝以防倒伏，这样有利于田间通风透光，保持韭菜生长，减少病虫害发生。

病虫防治　韭菜养根期间要注意病虫害防治。主要病害是韭菜疫病和灰霉病。高温多湿是发病主要原因，常用粉剂有 50%多菌灵可湿性粉剂 500～800 倍液，或 50%粉锈宁 800～1 000 倍液＋新高脂膜适量喷雾。虫害主要是韭蛆、蓟马等。韭蛆在 9—10 月为害，防治幼虫可用 50%辛硫磷乳油 3 000 倍液，顺韭根进行浇灌，或每亩用乐斯本乳油 150～200 毫升兑水 1 000 千克，将药液顺行喷入韭菜根。

第4章 食用菌

1. 香菇高产栽培方法

选择大中叶、低温型、晚熟香菇品种 一般来讲，香菇在不开伞的前提下，伞径越大，菇肉越厚，档次越高，价格也越高。

栽培主料要选择优质硬杂树种的木屑。比如柞木、栎木、曲柳、枫木等。因为这些硬质树木屑质地致密，木质素含量高，香菇菌丝生长比较缓慢，有利于菌丝中养分积累，肉质致密，菇大并且肉厚。

栽培料中要有合理的碳氮比 香菇菌丝体阶段要求合理的碳氮比为(20～30)∶1，因为木屑中碳素充足，氮素缺乏，所以一定要在配料中加入合理的含氮化合物，例如麦麸、米糠等，含氮化合物加入量应根据香菇菌株特点而有所增减。早熟高温品种用量为15%，而晚熟低温品种用量应增加到20%。

严格控制好培养基含水量 培养基中最理想的含水量为60%，一般情况下，培养基偏湿要比偏干情况下菌丝生长健壮，产量要高一些。无论菌丝体阶段还是子实体阶段，水分子多少都是至关重要的。如果培养基中水分不足，菌丝生长细弱缓慢，营养就积累不够。而培养基水分过大，透气性不好，菌丝缺氧，对后期出好菇极为不利。所以，一定要控制好培养基的含水量。

压实培养基质 木段栽培香菇时菇质硬实质量好，是因为木段材质致密。代料栽培无论是菌柱栽培还是低床栽培，要求基质压得越实越好。因为基质中空隙小，空气少，菌丝生长较慢，呼吸较弱，养分消耗少，到出菇时能保证基质内充足的营养，长出的香菇质量好，产量高。

出菇阶段控制好温湿度 出菇阶段温度不仅影响香菇产量，也影响香菇质量。很多食用菌生产者认为原基就是菇蕾，这是不对的。原基是菌丝体在8～20℃时，扭结形成的无结构的菌丝团，而菇蕾是这种菌丝团受到低温刺激后发生生理变化，分化出菌盖、菌柄的幼小子实体。刺激原基形成菇蕾的温度因香菇温型不同而不同。所以，当菇蕾一旦形成，就意味香菇菌丝已到达生理成熟，开始由营养生长向生殖转化。此期温度最好能控制在 8～15℃，空间湿度 50%～60%，光照强度在 300～800 勒克斯。

用木屑代料栽培香菇时，即使产量稍微低一些，也要尽量创造适宜优质菇生长所需的栽培原料和最适宜的环境条件，使菇蕾能在低温干燥的条件下，缓慢生长，长成菌伞大，菌柄短，肉质厚，组织致密的优质香菇，使生产者获得更高的经济效益。

2. 冬季如何种香菇

选块　将发好菌的香菇块与菌筒充分干燥，选择无污染、完整的块或菌筒做处理，如老菌皮过厚可进行搔菌，待其菌丝愈合后方可选用。

浸泡　热水浸块是冬季栽培香菇催蕾的一种理想方法。浸块时，将水热至 33℃，然后将香菇块或菌筒倒入池内，浸泡 3～5 小时，如果水温降低可添加开水，调节水温到 18～33℃，然后将浸好的香菇块捞出，置于出菇场地，用塑料薄膜覆盖以保持温度，直至块上现蕾，再进行通风换气。出菇期间如气温低，可直接向块上喷洒 18～33℃热水，然后用塑料薄膜覆盖，提高薄膜内环境的温度，以利于香菇正常生长。

菇的采收及块的营养补充　浸泡过的块用薄膜覆盖后要继续保温，菇蕾能很快拱出菌块，此时加强通风，提高地温。10～17 天便可采第一菇茬，采完后，揭开薄膜让香菇块充分干燥 7～15 天，再用热水浸第二次。采完第二茬菇后，应给香菇块补充一定的养分。常使用的营养物质有：三十烷醇溶液、30 毫克/千克的柠檬溶液、0.2%的磷酸二氢钾和葡萄糖溶液、小于 0.2%的尿素、豆浆、淘米水、蘑菇生长素等。

3. 平菇栽培四步走

育菇场地选择　如选择在阴暗、通风不畅或不卫生的场所种植，会因杂菌污染严重，平菇不能正常生产而失败；有的虽然能勉强发菌，但因出菇期空气流通不畅，二氧化碳含量过高而中毒受害，不能出菇或形成畸形菇。所以，种植平菇首先要选择通风条件好，并有散射光的场所进行，并保持清洁卫生，抓好消毒措施。初次种菇场所，应采取石灰石刷墙、生石灰撒于地面的措施进行消毒，撒在地面上的生石灰应于次日清扫出去。老菇场则可用高锰酸钾加福尔马林熏蒸消毒；有虫害的菇场先喷杀虫剂消灭害虫，再进行消毒。

培育料选择或配制 用已经污染、结块的原料种植平菇，易造成大面积污染或不发菌。在调配培养料时，向料内过量加入尿素等氮肥，氮肥在接种后容易分解出氨气，使菌丝体受到毒害，不能正常发菌。因此，一定把好选料与配料关。要洁净的原料，并搞好消毒处理，配料时不可随意添加化学肥料，只有在堆料发酵种植平菇时，才能适量添加尿素补充氮源。同时，在配料过程中，要特别注意培养料的湿度，水分含量不可过高或过低，否则，对发菌都不利。

菌种选用 如冬季选用高温型品种，春季选用低温型品种，或播种已经老化或已被污染的菌种等，都易造成发菌缓慢或不发菌、出菇迟或不出菇。所以，在种植平菇时，应根据当时当地的气候条件，选择适宜的菌种，不使用老化或被污染的菌种。

加强管理 平菇在自然温度条件下，出菇期的管理是光照、水分和通气。在出菇期间，依靠散射光即可满足需要，在菇房种菇光照不足，出菇缓慢，可用电灯光补充，以诱导出菇。空气湿度是出菇期的主要条件，为了增加湿度而盲目增加喷水量，甚至直接向菇体喷水，会使一些小菇闷死，一些已经长大的菇也会因水渍而溃烂发黑。因此，在平菇出菇期间，应讲究补水方法，以向空气喷雾为好，同时还应注意通风换气，以免二氧化碳积累过多，导致子实体不能形成，或形成畸形菇。此外，不合理的采收也影响产量的提高，一些菇农采大留小，想让小的菇体继续生长，结果不仅不能长大，还影响了下茬菇的产量。

4. 平菇掌握关键步骤收益好

纯白平菇，色泽白，口感细，韧性好，耐贮藏，便于运输，市场价比普通平菇高，但其抗逆性差，导致产量低效益不高。栽培经验如下：

场所选择 一般选择未栽培过食用菌、场地无霉源、排水性好的钢架大棚或温室。在发菌前场地做消毒灭菌处理。在 200 米^2 的大棚中均匀放置盛有少量易燃刨花的 4 个铁桶（或铁锅），每个桶中加入 2.5 千克硫黄，点燃后将大棚密闭熏蒸 1～2 天。

培育原种 母种应从不同单位引进多株菌种，经过出菇试验择优使用。原料培养料配方：棉壳 80%、麸皮 25%、豆饼 3%、石膏 1%、石灰 1%，每支母种接 5 瓶原种。原种置 22℃恒温条件下培养，每周检查一次，剔除可疑菌种，确保菌种纯度，选择发菌快、菌丝旺的原种使用。

熟料透气发菌　纯白平菇营养要求全，基质营养应当丰富，配方为棉壳62%、废棉20%、麸皮10%、豆饼3%、石灰2%、石膏1%、糖1%、尿素0.5%、磷酸二氢钾0.3%、多菌灵0.2%。选低压聚乙烯筒料，每筒装0.8千克干料，两头扎口，常压灭菌，100℃保持10小时，火焖一夜出炉、冷却至30℃，趁热接种，每瓶原种15～20袋，接种后菌袋置培养室发菌。培养室每周喷一次3%来苏儿或1%漂白粉降尘消毒。

两段出菇　当菌棒发菌将接头时，就可破袋出菇。菌棒破袋前在出菇场按每行5～8层骑缝式排列，行距40厘米，然后在菌棒两头的上部用刀划4厘米长的出菇口。破口后喷水保湿，7天左右可出菇，头潮菇转化率可达60%以上。常规栽培二潮菇产量较低，采用头潮菇后覆土栽培效果较好。方法是：头潮菇结束后，将菌棒一分为二剥去塑料袋立于室外棚内土畦中，切口向下，菌块相间1厘米左右，附干细土，填满菌块间隙，覆至菌块顶部，再浇营养水(尿素1%、糖1%、磷酸二氢钾0.5%、微量元素0.5%、石灰0.5%、克霉灵和敌杀死少量)使覆土至完全湿润。浇水后一般10天可出菇，二潮菇生物学效率也可达50%以上。二潮菇后，让菌床干3～5天，再浇营养水一般可收4潮菇，总生物学效率达180%以上。

适时采收　纯白平菇七成熟就可采收，当菌盖尚未展平，孢子尚未弹射时采摘，菇色质好，分量重，产量高，否则在菇盖发黄时采收会降低产量和品质，影响经济效益。

5. 平菇催菇有方法

平菇在栽培中有的菌袋在发满菌后不出菇或头茬摘完后，迟迟见不到二茬原基。以上这两种情况，只要菌袋发菌正常，菌种温型合适，采取如下措施是可以顺利出菇的。

温差刺激　白天升高菇棚温度，夜间通风降温，人为拉大温差可刺激出菇。

光照刺激　菌袋长满后，每天卷起菇棚草帘，让日光照射一段时间(光强勿直射)，日照不便的菇房，可用电灯光照射。

搔菌刺激　对于培养料中过多的添加麸皮、米糠或尿素等含氮量高的物质，造成碳氮失调，菌丝徒长、结成菌皮而延迟出菇或因开袋过早、菌袋表皮太干而无法出菇的，可用铁丝制成鸡爪状小钉耙，轻轻地将菌被或菌皮挠破，结合通风喷0.5%葡萄糖液再辅以温差，光照刺激，可促现蕾。

惊蕾刺激　用消过毒的木板、树枝或手掌，轻轻拍打菇床表面或菌袋，使菌丝受振动刺激，促成形成原基。

空气刺激 关闭门窗或盖膜，提高二氧化碳的浓度，燃火再每天通风换气两次，每次半小时。

覆土加压刺激 在菇床或菌袋上压瓦块或木板、砖头。菇床栽培覆盖1～1.5厘米厚的土粒，既防杂菌又保湿催菇效果更好。

激素药物刺激 用浓度为5～10毫克/千克的萘乙酸或0.1～0.5毫克/千克的三十烷醇喷菌袋表面或菌床。此法不但可提早出菇，还能起到增产作用。

6. 木屑栽培平菇为何长得慢

平菇长得慢，主要有以下三个方面的原因。

菌种和季节不适应性 如果在冬季栽培了高温型品种的平菇，会引起平菇的不适应症，主要表现为发菌缓慢，出菇迟，甚至不发菌不出菇。因此冬季栽培平菇要选择低温型的品种。同理，在春秋季平菇的生长旺季，就要选择高温型的品种。

菇场环境不适致中毒 如选择在阴暗、通风不畅的房间，或选在不卫生的场所种菇，这些都是引起杂菌污染的原因。杂菌分泌的毒素抑制了食用菌的生长，出现了中毒症状，表现为平菇不能正常生长，甚至完全报废；有的虽勉强发菌，却又不能出菇或形成畸形菇，因此，选择种菇场所时，应选择通风条件好，并有散射光的干净卫生场所。

培养料污染 如果选用了已被污染、结块的原料栽培平菇，或调配营养料时为补充氮源而向料内加入过量的尿素或其他化肥，会造成大面积污染，导致不发菇或发菇缓慢。所以首先要选择清洁、未结块的培养料；其次要注意，只有在堆料发酵种菇时才加一定量的尿素，而生料栽培不随意添加尿素或其他氮肥。

此外，施用了存放时间过长、酸性大（拌料后能闻到酸味）的培养料也会造成发菇慢的情况，应避免使用这些原料。

7. 白灵菇的栽培技巧

栽培原料及菇房的处理 栽培白灵菇所用菇房一般用蔬菜保护地设施，如日光温室、大棚等，种菇前最好能揭膜晒棚两周，料进棚前再用药剂熏蒸1次，一般房屋需整理粉刷后才可作为白灵菇出菇场所，进料前还要用药剂处理1次。

栽培料的配制及灭菌 ①栽培料的的配制：棉籽壳100千克、玉米粉5千克、麸皮5千克、石灰3千克、石膏2千克。

②堆制发酵：堆制发酵的用料最好在 300 千克左右，堆高 1.2～1.4 米，宽 1.1～1.5 米，长度不限。堆太大中间缺氧，而且不便翻堆。发酵料拌水 60%～65%，并加石灰 2%，使 pH 为 8～8.5。建好堆后打孔通气，孔距为 30 厘米，堆上方打 1 排，侧面打 2～3 排。发酵时间视室温而定，温度高时时间可短一些，以 7～8 天为宜；温度低时可适当增加天数，并加盖塑料薄膜。发酵过程中要注意翻堆，每隔 1 天翻 1 次，发酵透的料应呈棕褐色，无酸臭味。

③装袋灭菌：发酵好的料需要重新测水分，并将含水量调至 55%～60%，pH 调至 8～8.5，塑料袋选用 17～33 厘米规格的折角聚乙烯袋，装 0.75～1 千克湿料。手工装料时，边装边用手压紧，机装时可根据机器动力情况掌握紧实度。将装好的料在高压下灭菌 2～3 小时，或在常压下灭菌 14～16 小时，注意灭菌要彻底。

接种培养　等灭好菌的菌袋冷却到 30℃时，移入接种室内接种，接种量已能覆盖菌袋表面为宜。接种过程中注意人员及器具的消毒，不要造成人为的杂菌污染，接种后将菌袋放在室内培养。接种过后前 3 天不要动菌袋，1 周后翻垛检查有无杂菌污染，将有杂菌的清理出去，晾干灭菌后可再次使用。培养过程中注意避光，空气湿度应在 65%以上，温度尽量保持在 25～28℃，45～60 天后菌袋可发满，此后可转入出菇阶段。

出菇管理　待菌丝发满后，再让菌丝进行 1 周的反丝生长，使菌丝发透，然后将菌袋移至低温处或对出菇棚进行反向操作，白天盖草帘，晚上揭草帘，并加大通风，进行低温刺激，结合喷水促进菇蕾形成。等菇蕾长到拇指大小时进行开袋处理，进一步加大水分。此时，空气湿度应保持在 85%～90%，温度尽量保持在 8～15℃。当白灵菇长至乒乓球大小时将其放出袋口，并增大通风量，以保证菇形正常。当通气不足时，易出现畸形菇或高脚菇。同时，应注意不要让风直接吹在白灵菇上，以防止菇体因失水过多而开裂。

8. 栽培高温蘑菇产量高

在高温季节栽培高温蘑菇品种新登 96，不仅使菇农周年栽培蔬菜蘑菇成为现实，而且每平方米效益在 45 元。

培养料配方　①稻草 1 000 千克、菜饼 1 000 千克、尿素 20 千克、菇乐素 50 千克、过磷酸钙 15 千克、石灰 30 千克。②稻草 2 000 千克、菜饼 140 千克、过磷酸钙 100 千克、石膏 100 千克、石灰 75 千克、尿素 40 千克。培养料采用二次发酵法，在室外堆制 15 天左右，期间翻堆 3～4 次，然后进菇房（菇棚），加温至 65℃左右保持

6～8个小时，后降温至52℃保持3天，进行后发酵。

播种及发菌期管理 采用二次撒播法。即先把菌种量的2/3撒于料内，再把余下的1/3菌种撒在料层表面，用木板轻轻拍平。播种量为每平方米用麦粒种2瓶或棉壳种3瓶。播种后以进窗发菌为主，温度高时适当通风。

覆土 当菌丝长到料层底部进行覆土，覆土材料用细泥、砻糠灰。砻糠灰与泥土的比例为20∶1，用前喷甲醛消毒，水分掌握在捏得拢、散得开，pH为8左右。覆土厚度3～4厘米，每平方米喷清水2.25千克，紧窗，土层缝隙里有菌丝冒出时补土。

出菇管理 覆土后约15天，菌丝开始扭结成原基，这时进行通风、喷水，使床面始终保持湿润状态，同时，菇房（菇棚）内保持较高的空气湿度，达到85％～90％。

病虫害控制 一潮菇结束后，用敌杀死4毫升加水25千克喷打床面，同时加大通风量，使水分不淤积于菇体而造成色变、烂斑。

9. 冬季食用菌也要防虫害

冬季温差的拉大，使原在菇棚外的害虫纷纷进棚为害，加剧了防治的难度。实际生产中，不少菇农不注意预防，造成发生病虫害时，使用大量化学药物以求快速杀灭，结果难尽如人意。

物理预防 由于原料中有活虫或虫卵，所以不要直接进入生料播种，起码要发酵处理后再用。最好采取熟料栽培或用于制种。严格检查菌种是否带虫，对购进的菌种在转接前应仔细检查，防治出现带虫接种现象。菇棚通风口、进出口封装防虫网，防止成虫飞入。在通风口和进出口撒石灰隔离带，以防爬虫类害虫进入。

药物预防 ①拌料时加入辛硫磷等药物，用量一般为每1 000千克干料用药100毫升，生料栽培时随拌料加入即可。发酵料栽培的最佳用药时间为最后一次翻堆前加入，经高温和闷堆，杀虫效果比较理想。②在棚外一定距离内，可使用高效涂擦药物，如敌百虫等予以杀虫，切断害虫来路。③棚外及棚室通风口、进出口，使用氯氰菊酯类高效低残留药物予以喷洒，以防爬虫进棚。④菇棚内一般可喷洒氯氰菊酯等药物杀虫，使用阿维菌素杀灭螨虫，对菇蚊、菇蝇类害虫，有条件的可使用高效驱虫灵进行驱避。

10. 谨防平菇细菌性黄褐斑病

平菇黄褐斑病俗称黄斑病或黄菇病，为平菇生产中普遍发生的一种细菌性病害。平菇染病后不仅出现黄色病斑影响外观，而且有苦味致不能食用。该病从幼菇到成熟期都可发生，发病高峰季节，一旦发生，则蔓延迅速，严重时损失可达50%以上。

症状识别　平菇黄褐病由假单胞杆菌引起，发病初期在菇体表面局部出现淡黄色斑点，湿度大时发病部位有黏湿感，并向组织内部湿透，致使菇体腐烂。伴有黏稠分泌物，散发出恶臭气味，影响平菇外观，并丧失食用价值。

发生规律　在平菇生产中，该病多从 11 月开始发病，高发期为 3—5 月；高温高湿、通风不良条件下发病重，常在突然降温、雾霾或沙尘暴天气后发展迅速；通常情况下黑色平菇比浅色的发病率高，且发病严重；种植年限长的菇棚发病重，特别是多年连续种植平菇的棚室发病严重；栽培管理中浇水不当，如多次浇淋使菇体表面和体内吸水处于饱和状态，或平时内大量积水湿度高等。此外，菇蚊蝇可传染病菌，加重为害，当菇房内菇蚊蝇虫量高时，该病发生严重。

防控要点　一是合理喷水与通风。所用水源要清洁，要喷雾状水，同时与通风协调配合，既要避免菌盖积水及棚室闷湿，又要保持菇棚湿度适宜。二要加强检查，及早发现并清除病菇，同时注意环境清洁，以延缓病害蔓延、减轻为害。三是采用防虫网、黄板、诱虫灯等物理防控技术，阻隔、诱杀菇蚊蝇、减少传播介体，避免病害进一步扩散蔓延。

11. 食用菌补水需注意的问题

在食用菌栽培中，水分起着为菌丝和菇体提供营养的作用，是决定产量高低和快速转潮的重要因素，大多数品种的培养料中适宜的含水量为 60%～65%，在出菇过程中培养料和空间的水分都逐渐减少，需要及时补充水分。在对菌袋的培养基补水时应当注意以下几个要点：

补水量：当第一潮菇采收后，基质营养丰富，基质中水分含量还较高时，补水量宜少些；当长过第二潮菇后，基质营养减少，基质中的水分也降低了，补水量就可多些，菌袋浸水的时间就可长一些。

补水时应用清洁干净的河水或地下水。不宜使用地表的塘水和沟水，防止杂菌和害虫携带入基质中，引发病虫为害。

水温尽可能与菇棚温度一致，不要用冰凉的水。原基、菇蕾上不要喷水。最好用喷雾器补水，喷嘴朝上向空间喷雾增湿。

补水后，如菇体上有水珠应通风去除。否则会给病菌繁殖造成机会，在菇体上形成病斑。

菌袋补水是重要的增产措施，主要用于栽培周期较长的食用菌。需注意：①香菇等转色完成、出菇前就要补水，补到培养料含水量65%左右。②多数食用菌在出完一、二潮菇后转潮期进行补水，要先养菌，再补水，补水量控制在原菌袋重量的80%～90%为好。③菌丝稀疏、长势弱、温度低于5℃或料内发生病虫害时不宜补水。④三潮菇后补水时，可同时补充营养物质，常用尿素、糖、磷酸二氢钾等。

第5章 其 他

1. 隆冬季节大棚种植留心防冻保温

进入寒冷的冬季，冷空气和恶劣天气在一定程度上影响大棚蔬菜生产，因此，冬季应密切关注气候走势，合理安排种植品种和种植期，力争赢得蔬菜丰收年。

冬季大棚保温防冻应做到以下几点：

大棚加固措施 降温雨雪天气，往往伴随着大风。当遇到刮风降雪天气，应认真检查大棚易松动的地方，并采取加固措施。如加固压膜线，将压膜线南端固定在地下铁锚上，北段绑定石头或沙袋，并固定在北墙外，随时调节压膜线的松紧。农膜破损部位，应及时修补，防止风雪吹入棚内。

及时覆被增温 降温天气，下午应提前盖苫，并保持大棚棚膜的密封性。雨雪天气，保温被和草苫上还应加盖一层棚膜，防止雨雪淋湿被子和草苫。老棚墙体保温性能差，可在大棚后墙底部用草苫或作物秸秆堆成防风障，挡风防寒。

及时清除棚上积雪 雨雪天气应及时扫除大棚上的积雪，防止棚架积雪压塌大棚支架。及时做好大棚两边的清沟排水工作，发生积雪应及时扫除。

临时性加温 当大棚内白天温度低于15℃，夜间温度低于5℃时，就有可能发生寒害或冻害。夜间应采取临时加温措施，人工补充热能。可在棚内放置几个煤球炉，可提高棚内温度。但要防止二氧化碳中毒，大棚应先通风，后进入。

采取小水轻浇，膜下暗灌的办法 冬季不仅气温低，地温也较低，如浇水过量，一则导致地温下降；二则造成土壤通气不良，直接影响蔬菜根系的活动及吸收功能。采用膜下小水滴灌，既可满足蔬菜对水分的需要，又不会过多降低地温。为提高地温，可在走道上铺盖玉米秸秆等，能够保护地温，降低棚内空气湿度，有利于蔬菜的根系生长。

防冻保温 冬季蔬菜在栽培过程中，长伴随低温霜冻的影响，蔬菜不宜正常生长，降低蔬菜品质，因此要做好蔬菜防冻保温工作，做法如下：

加强栽后肥水管理 蔬菜移栽后7天，每亩用沼气液700～1 000千克或腐熟的人粪尿700～1 000千克兑水泼施做提苗肥，促进蔬菜正常生长，提高抗寒防冻能力。及时疏通三沟，防止积水造成蔬菜冻害。

增施热性好，透气好肥料 鸡粪是热性肥料，牛粪是透气肥料，增施鸡粪、牛粪，加强蔬菜对土壤的吸热性，十分有利于幼苗的生长发育。

浅中耕防冻保温 秋冬蔬菜成活后进行浅中耕既可破除畦面裂痕，又可控制地上水蒸气带走热量，达到保墒、保温防冻保苗的目的。

喷施叶面肥防冻保温 根据不同的蔬菜品种，及时补充蔬菜所需的钙、硼、铁等微量元素，增加叶肉硬度，提高蔬菜抗寒性，降低低温冻害程度。

撒施草木灰、草苫等覆盖物 日揭夜盖防冻保温。撒施草木灰除能为蔬菜供钾外，对蔬菜防冻保温效果较好，夜间温度在10℃以下，畦面加盖草苫、地膜等覆盖物防冻保温效果更好，但要做到日揭夜盖。

2. 冻害补救措施有哪些

遮阳防晒 寒流过后，一般是晴空万里的天气，阳光比较强烈。若让强烈阳光照射受冻植株，极易引起受冻组织脱水萎蔫，以至死亡。因此，太阳出来后，要在棚室膜面上覆盖一层漏光草苫，或在室内搭设遮阳物，以减弱阳光照射强度。在傍晚前，一定要把棚室覆盖严实，防止冻害再次发生。第二天中午前后强光时段，需再适当覆盖遮阳，以后便可转入正常管理。

追肥施药 受冻作物合理追施速效肥，既能改善作物的营养状况，又能增加细胞组织液的浓度，增强其抗寒防冻能力，促进恢复生长。采用叶面施肥比土壤追施，既省肥又见效快。依据不同作物的需肥特点，合理追肥。瓜类和茄果类蔬菜，一生中对氮、磷、钾的需求比较平衡，可选用三元复合肥，或磷酸二氢钾等为宜；叶类蔬菜，对氮的需要量较多，可喷施1%～2%的尿素水溶液，再加上适量赤霉素效果更好；根茎类蔬菜，对钾、磷等元素需求量较多，可喷施0.3%磷酸二氢钾或1%硫酸钾溶液。喷施要细致周到，使叶片的正反面都沾满肥液。也可结合浇水，使用对路的冲施肥。因受冻植株抵抗力下降，易感染病害，在肥液中加入适宜的杀菌剂，既有利于受冻组织的恢复，也利于病害发生。

及时浇水 冻害发生后要及时浇水。浇水能增加土壤的热容量，抑制地温继续下降，稳定地表及棚室内空气温度，有效减轻控制冻害发展。因井水的温度高于地上水，所以要选用井水灌溉。水量以渗透耕作层为宜，切忌大水漫灌，以免造成湿害。

科学通风 发生冻害的棚室，既不能马上升温，也不能过早通风。通风过早，会使冻害加重，升温过快会造成作物受冻细胞组织加快脱水，引起植株死亡。因此，太阳出来后，要随着棚室温度的回升，逐渐开放通风口，让棚室慢慢升温，使受冻作物有一个适应过程。经过一段时间，下午2时后将通风口逐渐缩小，4时前彻底关闭。这样可确保受冻组织充分吸足水分，促进细胞复活，恢复生长。

3. 天气寒冷 棚菜管理莫忽视

随着气温的降低，大棚都已穿上了"棉袄"。尽管菜农朋友都知道冬季大棚蔬菜的管理是以温度管理为主线，但却有一些菜农常常顾此失彼，在细节上出现漏洞。特别是一些新手，更容易出现纰漏。

为提醒菜农，特别是那些刚开始种棚的菜农，能够及时查漏补缺，为低温时期棚菜的生长创造了适宜的条件。为此，特提醒菜农在细节上要注意以下几个方面：

放风要分次放风，放小风 晚上棚内温度低，湿度大，由此造成大量的雾气在蔬菜的叶片及果实表面凝结，出现结露现象。而菜农由于农活较忙，往往一次性将封口开得最大，一次放风过大，冷空气进入棚中，导致蔬菜叶片及果实温度、湿度剧烈变化，就会造成果实表面起皱，严重的会产生大量裂果，使蔬菜果实失去商品性，效益降低。针对这种情况，菜农应该循序渐进地放风。在晴天刚拉开大棚时，棚内空气中的二氧化碳浓度最高，为保证棚内蔬菜对二氧化碳的需求，不使二氧化碳因放风造成浪费，这时菜农不要急于放风，而应在拉棚后1小时再放风。放风时先开小口，这时的主要目的是将棚内的湿气缓慢排出，防止果面的露水急剧干燥，导致裂果。随着棚内温度的升高，再逐渐将放风口加大，以利于棚外二氧化碳进入棚内，促进蔬菜的光合作用。到下午关风时也不要一次性将风口关闭，因为风口关闭后温度又会有一个上升的过程，这样，容易导致放棚后夜温升高，加大植株对叶片制造有机物质的呼吸消耗。菜农可以逐渐将风口关小。先将风口关闭一半，半小时到1小时后再完全关闭；或者先将风口关闭，然后再将风口打开通风降温10～15分钟，如此两次，当棚内温度稳定在15℃左右时即可将风口完全关闭。

必须要增光 进入冬季以后，大风天气渐多，致使棚膜上尘土增多。据研究，在覆新膜后5天，棚膜上落的尘土可使薄膜透光率下降10%；在12天时，棚膜透光率下降幅度可达20%。冬天我国北方的光照强度在4万勒克斯左右，如果尘土遮去20%，则进入棚中的光照强度通常只有3万勒克斯左右，阴天时数值更低。

而多数蔬菜所需饱和光照强度在4万勒克斯左右。光照不足就成为影响蔬菜产量提高的重要原因，而除掉棚膜上的尘土就显得尤为重要。因此，菜农可以通过设置除尘布条将棚膜上的尘土除去。但由于布条南北两端的摆幅最小，除尘效果最差，菜农可使用抹布将前脸处及棚膜最北边的尘土抹去。多数菜农都知道在棚内设置反光幕可充分利用照在棚墙上的反光，以利于蔬菜的生长。但是有的大棚里反光幕挂得太低，蔬菜植株容易将给挡住，导致反光幕的使用效果差。在张挂时，将宽1.0～1.2米的反光幕挂在后墙1.7米高的地方，这样可以防止蔬菜植株遮挡太阳射到反光膜上的光，同时反射的阳光又可照到蔬菜上。菜农切不可将整个棚后墙悬挂反光幕，以防降低后墙的储热量。

棚内悬挂湿度计 高湿是冬棚蔬菜生产中的一大弊端，因而控制湿度是冬棚蔬菜管理的重点之一。但如何进行控湿，不少菜农知道将棚内湿度控制在70%～80%比较合适，但因为棚内没有湿度计，因而不能很好地控制湿度。而悬挂湿度计就是一个很好的解决办法。例如，冬季大棚为害最为严重的是灰霉病，特别在低温高湿下为害严重，当棚内湿度低于95%时，病原孢子就不能萌发；而霜霉病在18℃左右湿度高于83%时，才可大量发生。如果将棚内湿度控制在病菌发病所需的适宜湿度之下，就可很好地控制病害的发生。当棚内湿度过大时，菜农除可通过放风降湿外，还可向地面撒施草木灰，也可起到良好的吸湿作用，也可有效地降低棚内空气湿度。

4. 提高大棚采光率　促进蔬菜质与量

大棚内的光照条件直接影响蔬菜的生长发育、产品和品质。尤其是阴雨冰雪天气，光照较弱，大棚光照不足是普遍存在的问题。光照不足，不仅不能进行较为旺盛的光合作用，蒸腾作用也减少，植株生长纤弱，影响蔬菜的产量和品质。因此，采取一些有效的措施改善大棚内光照条件，对大棚蔬菜是很有必要的。

合理布局 在大棚内种植不同种类的蔬菜时，应遵循“北高南低”的原则，使植株高矮错落有致，尽量减少互相遮挡现象。同一种蔬菜移栽，力求苗子大小一致，使植株生长整齐，减少株间遮光。同时以南北向做畦定植为好，使之尽量接受阳光。

保持棚膜洁净 棚膜上的水滴、尘土等杂物，会使透光率下降30%左右。新薄膜在使用2天、10天、15天，棚内光照会依次减弱14%、25%、28%。因此，要经常清扫，冲洗棚面的尘埃、污物和水滴，保持膜面的透明度。

合理揭盖草帘 在做好保温工作的前提下，适当提早揭去保温用的草帘和延迟盖帘，可延长光照时间，增加采光量。一般太阳出来后0.5～1小时揭帘，太阳落山前半小时再盖帘。特别是在时雨时停的阴雨天里，也要适当揭帘，以充分利用太阳的散射光。

选用无滴薄膜 无滴薄膜在生产的配方中加入了几种表面活性剂，使水分子与薄膜间的亲和力大大减弱，水滴则沿着薄膜面流入地面而无水滴产生。选用无滴薄膜扣棚，可增加棚内光照强度，提高棚温。

设置反光幕 用宽2米、长3米的镀铝膜反光幕，挂在大棚内北侧使之垂直地面，可使地面增光40%左右，棚温提高3～4℃。此外，在地面铺设银灰色地膜也能增加植株间的光照强度。

搞好植株整理 及时进行打枝、打杈、绑蔓、打老叶等田间管理，有利于棚内通风透光条件。

阳光是绿色植物进行光合作用的必要条件，在采光时数少、强度低的季节，大棚多采集阳光，对提高蔬菜产量和品质具有主要作用。

5. 棚菜种植湿度调节“四法”

改变温度 通过改变棚内温度的办法来改变棚内湿度。据调查，棚内湿度为100%，棚温为5℃时，每升高1℃，湿度少3%～4%；升高到20℃时，湿度约为70%；温度升高至30℃时，湿度约降40%。反之，温度降至18℃时，相对湿度可升到85%，温度下降到16℃，相对湿度几乎达到100%。

通风换气 是最简单的棚室降湿法。一般每次灌水后，在不影响温度的前提下，要加大通风量，将湿气排出棚外，换入外界的干燥空气，降低棚内空气的湿度。通风换气时，一般应在9～14时进行，使降湿与保温互相兼顾。通风换气是开天窗，还是开低窗，开大还是开小，开的时间长还是开的时间短，都要正确分析、掌握，处理好降温和保温的关系。冬季，以保温为主，减少通风次数与时间；春季加大通风量，以协调棚内的温湿度。

中耕覆土 在蔬菜播种前或定植后，都要充分浇水，水渗下去以后，再利用中耕和覆土或地面铺草、塑料薄膜覆盖等方法，减少水分蒸发，保持适宜的土壤温度而降低空气的相对湿度。

控水减湿 通过减少灌水量和次数，来调节棚内湿度，在满足蔬菜生长发育所需水分的前提下，尽量减少灌水次数，降低土壤与空气湿度，做到宁干勿湿。为使空气湿度变化较小，又能满足蔬菜对土壤水分的需要，可采取开沟、挖穴浇水或滴灌等办法进行浇水，避免大水漫灌；当空气湿度小，需要尽快提高湿度时，可向地面洒水或喷雾。

6. 温室蔬菜巧放风

拱度不同，放风口大小不一 春季风口的大小不能完全用某一个数据界定，因为温室的结构不同，降温时间和速度也是不同的。拱度较大的温室，因为棚面拱度适宜，热气流很容易沿大棚棚膜的上部排出，即使放风口较小，也能取得较好的放风效果。而种植年限较长的低矮老棚，因为大棚拱度较小，棚内温度就高。

风向不同，棚室两侧放风口也不一样 在刮偏西风时，大棚西侧的蔬菜因为山墙的阻挡，棚内热气排出相对要少，温度要高，在放风时就应注意将大棚西侧的放风口增大，东侧放风口减小。

春季更要注意分次通风 早晨拉开棚 1 小时后，敞开上风口 3～5 厘米放小风，目的是将棚内湿气排出，同时补充棚内二氧化碳，为光合作用的顺利进行补充原料。等棚温上升到 28℃以上时，将放风口逐步打开，保持棚内温度不超过 33℃即可。

春季大风多，放风口注意防风 增加放风绳的密度，而且放风绳最好使用摩擦力较大的宽布条为好，这种布条在打活结固定棚膜时，摩擦力大，活结不容易被大风吹松。

7. 大棚怎样除湿

温室内如果空气湿度大，会导致病害发生严重。为了降低温室的湿度，可采用以下措施：

通风换气 将湿气排除，换入外界干燥的空气，这是最简单的降湿方法。但要处理好保温与降湿之间的关系。

用无滴膜覆盖 无滴膜可以克服膜内附着的大量水滴的弊端，明显降低湿度，且透光性能好，有利于增温降湿。

地膜覆盖 可以大大降低水分的蒸发，且可以减少灌水次数，从而降低空气湿度。

采用滴灌或渗灌 除了具有省工、省水、防止土壤板结外，更重要的是可以有效地降低因浇水而造成的空气湿度的增加。

膜下滴灌　综合了地膜覆盖和滴灌的共同优点，是降低温室内湿度的有效措施。方法是，地面起高垄，然后在高垄中央放上滴灌管，再覆盖地膜。

粉尘法及烟雾用药　大棚内必须施药时，若采用常规的喷雾法用药，会增加棚内湿度，这对防治害虫不利。采用粉尘法及烟雾法用药，可以避免以上弊端。

高温降湿　早晨揭苫后，一般情况下不要放风，在不伤害栽培作物的前提下，应尽量提高温度，随着温度的上升，湿度就会逐渐下降。当温度上升到适宜温度最高值时，开始放风。

中耕散湿　利用晴天温室温度较高时，浅锄地表，加快表土水分蒸发。

8. 棚室蔬菜科学种植综合措施

选好棚址，完善水系配套　确定大棚之前，要考察棚址是否有充足水源，水源有没有污染。有了充足的水源，一定要修好沟渠，便于引水、排水。有条件的地方，每座大棚要装一个水龙头。标准的还应配设喷灌设备。同时在生产过程中勤于检查，防止地旱土表不旱的假象，而贻误灌溉时机。

平衡施肥，促进蔬菜稳健生长　一是要常年使用充分腐熟的农家肥；二是要施用精制的有机肥；三是要改偏施氮肥为减氮、稳磷、增钾、配施微肥；四是要分次适量施肥。一旦出现肥害，要喷施多种活性微肥缓解肥害。

科学用药，确保蔬菜安全　一是发生轻微的药害，可用加强肥水管理的办法，恢复蔬菜正常生育机能；二是要选准对路农药，注意蔬菜作物的敏感药剂，特别是除草剂要慎重；三是把握住农药施用的浓度比，同时避免重复使用一种农药；四是切忌随意混用农药；五是施药要避开高温；六是施药要避开蔬菜开花时间；七是施用过除草剂的器械，一定要清洗干净后再用。

轮作换茬，调整蔬菜栽培环境　一是番茄、茄子、瓜类易感蔬菜，要分年或分季更换种植其他蔬菜品种；二是选用土壤重茬剂抑制病菌；三是针对缺素土壤及时补充所缺养分；四是发生连作障碍的大棚，首先要增施有机肥或种植绿肥改良土壤，其次要实行嫁接栽培（如茄果类、瓜类），再次是采用药剂消毒，如甲醛、溴甲烷等的土壤消毒。另外，可利用夏季高温对土壤进行消毒。可将深层土壤翻至土表，用200～250千克秸秆拌入5千克高温菌和3～4千克炭灰覆盖地表，再加盖农膜让阳光暴晒15～20天，可消灭病虫卵和土壤根结线虫。

9. 棚室蔬菜重在管理

进入冬季，气温开始急剧下降，为了预防灾害性天气的不利影响，减少棚室蔬

菜损失,提高蔬菜产量,棚室生产管理应注意以下几点:

检修棚室 进入冬季,保暖、防冻是设施蔬菜生产的基本要求,否则,一旦受到冻害,将会造成无法弥补的损失。要加强棚膜、草帘、保温被等覆盖物的检修工作,必要时增加保温膜。加固棚体,对棚体不太牢固的地方加以处理,以防由于降雪造成棚体坍塌。对棚体周围排水进行疏通,防止雨雪堆积,对棚体造成伤害。

对供电线路及时检修,对老化线进行更换,以免被大风、冰雪等天气影响,致使棚室不能正常工作。

调控棚室环境 冬季的棚室通常湿度变大,光照变弱,这就要求浇水间隔要适当延长。同时,应适当增加肥料的施用量,并配合生根肥料如真根、根基等一起施用,促进蔬菜多生根。为了减少病害的发生,浇水时间尽量选择晴天上午,保证棚内夜间较低的湿度。为提高蔬菜抗寒、抗逆能力,叶面可以喷施碧护、冰护、爱多收等。

加强病虫害防治 冬季大棚环境封闭较严,棚室湿度较大,易发生病虫害,所以,加强棚室病虫害的防治是棚室管理的重点。优先采用加防虫网、黄板诱杀、高温闷棚等措施防治,喷药最好选在晴天中午进行,夜间可用百菌清、腐霉利、异丙威等烟雾剂进行熏蒸。

关注天气变化 冬季室外温度急剧下降,天气变化较大,应注意收听天气预报,及时采取措施防范灾害性天气的危害。

10. 大棚蔬菜强化管理防早衰

大棚内的茄果类蔬菜进入了结果盛期,也进入了吸水、吸肥的高峰期,所以,应当充分了解这一时期果菜的需肥规律,以便科学管理。

注意合理施肥 果实生长盛期对氮、磷、钾的吸收比例不同于生长前期,此时需要更多的钾肥供应,对磷肥的需求量达到稳定,对氮肥的需求量增加,但需氮肥低于钾肥。许多菜农以为尿素、碳酸氢铵可以用作催果肥,而且施肥量越多,产量越高,这就造成了盛果期过量施氮、过量施磷,但钾肥不足的现象,致使土壤日趋恶化,植物营养不平衡,常易感染多种病害。例如,氮肥过多时,常会发现叶片增大,叶色深绿,叶片又厚又硬,扭曲,果实减少或瓜条扭曲等盐害症状。磷肥过多时,会出现缺锌、缺铁、缺镁等失绿症状,因为磷肥溶解后会与土壤中这些元素结合,降低它们的有效性。缺钾时,下部老叶从边缘起出现烧焦状,果实易开裂,含糖量降低,风味变差,而且还会引起植株早衰。

为此，盛果期施肥应遵循少量多次的原则，并重视钾肥的施用，需要补充微量元素，可以叶面喷施进行。

注意棚温和水分管理 随着棚温的升高，有时会出现黄瓜顶端干枯变褐，番茄脐腐病等症状，这可能是由于缺铁引起的，棚温升幅过快，温度变化剧烈时，会造成植物吸收水分困难，影响钙在植物内的运输，引起顶端缺钙，应及时调节棚室温度，防止温度忽高忽低，及时浇水并配合叶面喷施钙肥。

注意蚜虫、白粉虱、病毒病的发生与防治 随着棚室外温度的升高，蚜虫、白粉虱等病毒病传播媒介数量相应地增加，应当重视防虫，以减少病毒病的发生。

①覆盖防虫网是一项经济有效的措施，在大棚的各个通风口都加挂无色防虫网。

②在棚室入口处设置消毒药池，内放生石灰，用于鞋底消毒。

③棚内准备1瓶0.1%高锰酸钾或10%磷酸三钠消毒液，用于操作前手的消毒。

④防治蚜虫、白粉虱可选用1%甲维盐1 500～2 000倍液喷雾，同时能有效预防病毒病的发生。

11. 设施蔬菜注意防肥害

适量施用化肥 化肥一次施用量太大时，使土壤溶液浓度太高，这是造成蔬菜肥害的主要原因。如果将化肥的一次施用量控制在适当的数量范围内，蔬菜肥害的发生就会大大减少。不同类型土壤的一次性追施化肥量是不同的，从沙性土到黏性土，一般每亩一次施用硫酸铵的数量范围为20～60千克，尿素为12～30千克，过磷酸钙为30～55千克，硫酸钾为10～20千克。

全层深施化肥 同等数量的化肥，在局部施用时，阳离子被土壤吸附的数量相对较少，可以造成局部土壤溶液的浓度急剧升高，导致部分根系受到伤害。如果采用全层深施，做到土肥交融，就能使肥料均匀地分布在整个耕作层中，被土壤吸附的阳离子数量就会相对增加，土壤溶液浓度就不会升得太高，从而使蔬菜避免受到伤害。同时，由于化肥深施，阳离子被土壤颗粒吸附的机会增多，氨的挥发也就因此而减少，地上部分发生焦叶的为害也就因此减少。对于苗床和设施种植施肥，除了以上措施外，还要注意施肥后适当通风换气，防止氨的积累。同时，适量浇水，保持土壤湿润，也可以降低土壤溶液浓度，防止产生浓度伤害。

增施有机肥 有机肥在腐解过程中，可以形成有机胶体，而有机胶体对阳离子有很强的吸附能力。当化肥施入土壤以后，由于阳离子多为胶体所吸附，于是存在于土壤溶液中的阳离子数量相对减少，从而使土壤溶液浓度不会升到太高。

12. 冬季棚室蔬菜谨防“弱光症”

大多数棚室蔬菜需要较强的光照条件。冬春季节棚室栽培的蔬菜，即使是晴天，光照强度仍不够，尤其是阴雨冰雪天气，光照更弱，棚室蔬菜光照不足是普遍存在的问题。光照不足，蔬菜不仅不能进行较为旺盛的光合作用，蒸腾的作用也减少，植株生长纤弱，影响蔬菜的产品和质量。这些因光照不足而出现的弱光障害，简称“弱光症”。其一般症状为：植株生长不良，茎叶细软；叶薄、色浅，容易黄化；花芽分化不良，花色浅，味涩，着色不良等。如弱光条件下，番茄花粉量减少，淀粉颗粒也小，花粉发芽率降低，雌蕊的花柱发育不良，受精能力下降，未经受精的花就会脱落，果实的发育受到限制，单果重量减轻，空洞果、腐病果增多。那么，如何防止出现“弱光症”呢？

使用优质无滴膜并保持光洁 无滴膜的质量会影响棚内光照强度，优质无滴膜透光率高，不易沾染灰尘；劣质无滴膜易老化，易受污染，透光率也随之降低。无滴膜的透光率也随着时间延长而下降。据测算，新的优质无滴膜扣膜后 13 天棚膜中午透光率可达 93%，扣膜 73 天棚膜中午的透光率降至 81%。因此，要经常擦洗棚膜，保持棚膜的光洁。使用一年的棚膜，其透光率一般降低 30%～40%，对于茄果类蔬菜、豆类蔬菜等对光照强度要求比较严格的棚室蔬菜，最好更换新的优质无滴膜。

地膜覆盖 地膜覆盖一般有较好的增温保水防土壤板结作用，而且具有较好的增光作用。由于地膜和地膜下表面附着水滴反射作用，可使近地面的反射光和散射光增强 50%～70%，对于辣椒、茄子、番茄等可较好地改善光照条件，同时还可以提高土壤温度。在地膜当中，以乳白膜、银灰色膜反光较多，透明膜居中，绿色和黑色膜反光较少。在棚室蔬菜生育阶段，以前中期增光明显，封垄后就不明显了。因此，在棚室蔬菜前中期结合增温，可平铺覆盖乳白色膜或银灰色膜或透明膜。

采用合理栽培措施 一些栽培技术措施明显改善棚内光照条件，如蔬菜采用南北行向，适当加大株行距，减少株间遮光；瓜类蔬菜、茄果类蔬菜通过整枝打杈，打除老叶、及时绑蔓等措施，调整植株受光条件，可起到较好的增光作用。蔬菜生长中后期，中午前后棚外温度达到 15℃时，适当揭开部分棚膜，让阳光直接射入棚内。

挂反光幕 据实验,利用聚酯镀铝膜拼接成2米宽、3米长的反光幕,挂在塑料大棚(或温室)后立柱上,下边垂至地面,可使地面增光40%～43%,棚温提高3～4℃,地温提高1.8～2.9℃,可使番茄增产41.8%～58.1%,并对果实品质有所改善。

13. 气温回升光照渐强 棚菜管理做好“三防”

春季气温回升,棚内夜温也大幅度提高,此时棚菜管理若操作不当,容易出现徒长、高温障碍及激素中毒现象,造成蔬菜落花落果、叶片黄化,早衰等问题,建议蔬菜管理要做好“三防”。

一要防徒长 随着气温的升高,昼夜温差变小,蔬菜植株很容易出现徒长,特别是茄果类蔬菜和瓜类蔬菜尤为明显。植株一旦徒长,容易造成落花落果,即使坐住果也容易形成空洞果、畸形果。为防徒长,首先要注意拉大昼夜温差;其次,施用氮肥量不要过大,尽量增加磷、钾肥的施用。必要时可对番茄、甜椒、喷用爱多收3 000倍或助壮素750倍或矮壮素1 500倍抑制旺长。

二要防高温障碍 进入4月下旬后,温度高,光照强,蔬菜容易发生日灼病等高温障碍。建议蔬菜管理中,摘叶抹杈不可一次性过多。除防高温外,还要及时在叶面喷施硼钙肥,以促进开花坐果,防脐腐病等生理性病害的发生。

三要防激素中毒 温度升高后,对蔬菜进行点花或蘸瓜时,点花药浓度要随之降低。要遵循高温时施用激素浓度低底限的原则。激素浓度过高常会影响植株花芽分化,造成叶片皱缩、畸形、生长受阻,出现畸形果。番茄的桃形果和黄瓜大头瓜,大都是菜农没有把蘸花或点花药浓度降低所致。发现蔬菜激素中毒后,可喷用芸薹素内酯或爱多收6 000倍或核苷酸400倍缓解。

14. 阴雨天气对大棚蔬菜生产的影响

从气象学上讲,接连5天或5天以上连续降雨,降水量大于15毫米,阴雨连绵、阳光寡照的阴雨天气,称连阴雨。下面就连阴雨天气对蔬菜生产的影响及对策简要概述如下。

防止畦面渍水 持续低温阴雨天气,土壤水分过多,使土壤中水、气关系失调,根系活力差,影响吸肥吸水能力。因此,要挖好排水沟,把水排干,防止畦面渍水。

加强覆盖 在大棚内扣小拱棚,用细竹竿等做拱架,夜间覆盖薄膜,在薄膜上覆盖草苫；在棚内覆盖地膜，可增强保温。棚内底部用塑料薄膜做围裙，可以明显减少地面冷空气的侵袭；同时注意堵塞各处的缝隙，尽量减少缝隙散热。

临时性加温 当大棚白天温度低于15℃，夜间温度低于5℃时，就有可能发生寒害和冻害。夜间要采取临时加温措施，人工补充热能。在棚内放置几个煤球炉，可提高棚内温度。但要注意防止二氧化碳中毒，加煤球或和取出煤炉时，大棚应先通风，后进入。棚内采用白炽灯补光，增强光合作用，提高植株抗性，保障秧苗安全过冬。作物对红光和蓝紫光吸收能力最强，光源可用日光灯、高压汞灯、弧疝气灯等为好。用40瓦日光灯三根合在一起，离苗45厘米高处照射，或者用100瓦高压汞灯离苗80厘米处照射。

低温为害后的管理 蔬菜在遭受到不同程度的寒害和冻害后，或连阴天时间较长时，在棚内搭遮阳棚，防止受冻蔬菜直接受阳光照射，导致组织失水干缩而失去活力。在晴天揭草苫前，可先在叶面上喷些清水，使缓慢升温，草苫也要缓慢揭开，使幼苗逐步见光，以免发生"闪苗"现象。

及时防治病虫害 大棚蔬菜应重点做好温湿度的管理和氮、磷、钾肥料的配比，尤其氮肥不可偏施，注意有机肥的使用。连续阴雨、低温天气，棚内湿度较大，要注意蔬菜瓜类疫病、灰霉病的发生和蔓延。

15. 大棚蔬菜施肥四要点

一是农家肥要腐熟 大棚蔬菜施用农家肥要充分腐熟。因为没有经过腐熟的农家肥存在病菌和虫卵，给蔬菜施用后，容易使病害传播。此外，如果将农家肥放到大棚里再进行腐熟，将会产生氨气烧伤菜苗。

二是施肥方法要科学合理 底肥最好在蔬菜定植一周前施用，并且要与土壤混合均匀。追肥可以在距离植株7～10厘米的地方沟施或者穴施，追肥后要及时盖土、浇水，千万不要将肥料直接洒在地面上或植株上，以免肥料挥发或烧伤秧苗。

三是化肥使用量要适量 由于大棚内肥料不容易流失，所以，过量施用化肥，能够引起土壤中盐类物质浓度增加，轻则影响蔬菜正常生长，重则导致土壤的次生盐渍化。因此，施肥前要进行肥力测定，进行配方施肥，一定不要盲目施用。

四是微肥施用要适量 微量元素肥料在蔬菜上需求量虽然很小，但它在蔬菜代谢中的作用却是很大的。目前常用的有钼、硼、锌、铁肥等。微肥多做基肥施用，也可以用作拌种、浸种或根外追肥。微肥适量与过量之间的范围比较窄，所以用量一定要准确，避免造成肥害。

16. 夏秋管棚菜　莫忘生物肥

夏秋季节管理棚菜，由于多年施用化肥而忽视生物肥，加大的杀菌剂的用量，造成土壤板结，病害增加，投入产出比降低。因此，增施生物肥很有必要。

大垄中耕松土　中耕松土并结合施用生物有机肥料，提高土壤肥力、土壤通透性。断根可降低植物生长势头，促进根系下扎，减少腐烂根，降低因长期冲施肥料而造成的表层盐害。

株下灌根培土　茄果类蔬菜常因根茎腐病、枯萎病、青枯病等病害死亡。灌施农都乐有机腐植酸活性液肥或氨基酸液肥，可有效降解茎盐害，抑制病害。另外，培土有利于茎部生长，延长结果期。

去除老叶、病叶　茄果类、瓜类、豆类蔬菜等，去除老叶、病叶能减少植株养分损失，减轻病虫害。

勤补植株营养　叶面喷施瓜茄果2116或农祥源加磷酸二氢钾，直接供给叶片营养，增强光合作用的积累，提高产量。

经常防治疫病　夏秋季节，植株生长快，产量高，但受到高湿环境的影响，疫霉病菌发生快，蔓延迅速，因此，需要加强疫病的预防。

增施有机生物肥　生物有机肥的登记和推广逐步成熟，已得到农民的认可，但也有一些农民认为棚菜产量高，效益好，钾、钙微肥最重要。不论追肥还是冲肥，均以高氮、高钾复合肥为主。其实，多年栽培的老棚菜田已经积累了大量无机盐分，并且只有生物肥才能分解盐，提高肥效，降低成本，改良瓜果品质。生物肥能改良土壤，有机肥能肥沃土壤，根据不同作物，不同生育期施用配方化肥，才能达到高产、优质、高效。这一时期，由于地温高，温度大，土壤有盐害上返碱现象，需追施冲施生物有机肥，或活性冲施肥。

通风排湿保温　视天气、作物长势等采取早关风口、晚开风口、半夜放风半小时等措施，促进养分积累，因为这半小时空气中二氧化碳含量高且室外温度较低，易于排湿降温换气。

17. 大棚用防虫网、粘虫板防控效果好

防虫网与粘虫板非常适合蔬菜大棚内应用，防虫网可以阻隔害虫迁移进入大棚，粘虫板可以诱杀降低棚内虫口密度，防虫网和粘虫板配合使用，防治效果最好。

防虫网阻虫　主要是在大棚风口、门口进行封闭覆盖，阻隔外界害虫进入棚室

内为害，以减少病虫害的发生。阻隔菜青虫、斜纹夜蛾等鳞翅目成虫选用20～30目防虫网；阻隔烟粉虱、斑潜蝇等小型害虫选用40～60目防虫网。

粘虫板诱杀 根据诱杀的害虫种类选择适宜颜色的粘虫板。黄色粘虫板主要诱杀粉虱、蚜虫、叶蝉、斑潜蝇等，蓝板主要诱杀蓟马及各种蝇等。粘虫板悬挂高度要高出植株顶部20厘米左右，每亩悬挂25厘米×30厘米规格的粘虫板25～30块，悬挂时间在蔬菜定苗期和定植早期无虫害时进行，确保防治效果。

18. 大棚蔬菜施药技巧

冬季气温低，病虫害的活动与危害大都处于隐蔽与静止状态，防治蔬菜病虫害时要特别注意以下几点：

合理选用适宜冬季施用的农药 一般情况下，胃毒剂和触杀剂受温度影响小，内吸剂和熏蒸剂受温度影响大。如敌杀死、敌敌畏在低温条件下，会明显影响杀虫效果，而溴氰菊酯、辛硫磷、石硫合剂等农药，在较低温度下施用仍能发挥较好的杀虫效果。

选择晴天高温时用药 因为在冬季温度高时，害虫的活动范围和呼吸强度增大，取食量增加，药液喷洒到虫体上，被带到体内的药物也多，有利于发挥毒杀作用。

适当增加药量 害虫的农药致死量不是恒定的，在常温下温度越低，害虫致死量越低，所以，在冬季适量增加用药量，可防害虫食药后不死。但不得超过“安全高浓度”(即不发生药害的最高允许量)。冬季施用农药时要严格按稀释倍数加水，不可随意加大或减少水的用量。

改进施药方法 冬季防治棚室作物病虫害，应尽量采取烟雾法或粉尘法施药，如果采取喷雾法施药，要适当减少防治次数和喷液量，防止棚内湿度过大。

适当延长安全间隔期 冬季农药的降解速度慢，农药在作物体内残留时间相对较长，防治蔬菜病虫害时，需适当延长作物最后一次施药距采收的天数(即安全间隔期)，确保食品安全。

19. 温室熏烟要注意 方法正确效果好

在温室大棚采用药剂熏烟法防治病虫害，具有省工、高效、不增加棚室内湿度的优点。进入秋冬季后，晚上温室要关闭风口保温，这为棚室密闭熏烟提供了条件，很多菜农都在使用烟剂熏蒸防治棚室中的病虫害。但一些菜农对温室熏烟的使用方法不正确，导致产生药害或者药效较差等问题的出现。针对这情况，在此介绍以下温室熏烟的正确施用方法和注意事项，帮助菜农掌握温室熏烟技术。

使用方法　在使用烟剂前需要关闭温室大棚的一切通风口，使棚室处于密闭状态，把烟剂摆放在棚室内的走道上，点燃烟剂后关闭棚室出口。熏烟法一般在傍晚，操作者点燃烟剂即可关闭棚室，保证细小烟粒在棚室内沉积分布均匀。

注意事项　①从正规渠道购买烟剂，避免使用不合格产品造成生产损失。②根据棚室面积和使用说明选择合适的药剂量，切忌随意添加剂量，以免造成药害。③由于烟粒具有热致迁移，即烟粒能被热的物体排斥而向冷的物体沉积的现象。因此，应在傍晚或清晨植株叶片温度较低时燃放烟剂，这样有利于烟粒在叶片上聚集。傍晚时使用方便，效果最好。避免在晴天中午阳光直射时燃放烟剂。④烟剂容易流动，一旦棚室出现破洞，烟粒就会随气流飘逸到棚室外，影响药效。因此，燃放烟剂前一定要仔细检查棚室是否严密，燃放烟剂时把棚室门关好。⑤温室大棚采用熏烟法过程中，由于烟剂发烟会产生 CO、HCl、SO_2、NO 等有害气体，当超过植物忍耐限度后会导致药害事故发生。因此，采用烟熏法后不能长时间关闭棚室，8～12 小时后要进行通风换气，排出有害气体。⑥注意烟剂使用的安全间隔期，安全间隔期内果菜不能采收上市。

20. 改善土壤　让蔬菜根系更有活力

大棚蔬菜种植超过 4 年以上的，土壤积盐程度重，对蔬菜生产极为不利，很多大棚黄瓜因土壤性质变劣，使黄瓜根系生长不良，抗逆性降低。当冷空气来时不能忍受长时间阴冷，因而导致减产。因此，培育健壮的根系是蔬菜提高抗逆性、获得增产的必要手段。而决定根系健壮、抗逆性高低的关键是土壤透气性。只有土壤透气性强，氧气充足，根系的呼吸作用充分，产生较多的能量，根系吸收能力才强，才能长出壮棵，蔬菜抗逆性才能提高，产量才能增加。如何提高土壤的透气性呢？

首先，增施有机肥，秸秆还田，提高土壤有机质含量，是提高土壤透气性的根本措施。土壤有机层是土壤团粒结构形成不可缺少的主体成分。有机质含量高，土壤疏松，透气性好的土壤，作物产量最高。因此，增施有机肥和秸秆还田对改良土壤，提高土壤透气性是十分必要的。

其次，将大水漫灌改成滴灌，合理浇水。传统的沟灌、畦灌等对土壤侵蚀、压实的作用很强，土壤的团粒结构便被破坏，不利于土壤保水保肥性。而在大棚蔬菜生长起来后，又覆盖着地膜，中耕松土的难度较大，土壤板结也就无法打破。滴灌不同于大水漫灌,它慢慢地浸润土壤,对土壤破坏作用小。使用滴灌的大棚内土壤更加疏松,透气性更强。

最后,重施生物菌肥,提高微生物活性。由于长时间的连作种植,导致土壤中有害微生物积累,而有益微生物就会减少,容易发生根部病害,使蔬菜不能正常生长。有害微生物的积累对土壤性质也有较大的影响。很多有益微生物本身就有改良土壤,提高土壤透气性的作用,在有益微生物繁殖的同时,一方面可以疏松土壤,另一方面在分解土壤被固定的营养元素时,也会产生一些促进根系生长的物质,对根系的生长十分有利。因此须通过施用生物菌肥,增加土壤中的有益微生物的数量,使土壤中的有益微生物重新占据优势。增加生理活性物质,增施有机肥,能促进微生物的活动。由于微生物活动的结果,除了增加土壤中的矿物质营养和腐殖质外,还能产生多种维生素、抗生素、生长素等,具有促进根系发育、刺激作物生长、增强抗病能力的作用。

21. 大棚菜连作　土壤遇到障害该怎么办?

土壤酸害　连作蔬菜大棚由于长期施用生理酸性肥料,过量施用氮肥,使硝态氮大量集聚,同时有机肥施用又偏少,土壤缓冲性差,因而使土壤酸化,严重时作物会出现死苗,生长点坏死等现象。

土壤盐渍化　蔬菜大棚全年土温较高,加之较高的湿度,土壤微生物活动旺盛,加速了土壤养分转化和有机物质的分解速度,同时由于常年不合理的过量施肥,又缺少雨水淋融,使残留在土壤中的各种肥料盐分随浇灌水向耕层集聚,形成次生盐渍。据测定当地土壤盐浓度达 0.3%～0.5%时,因高于植物细胞溶液浓度,作物吸水困难,易发生凋萎。当土壤当中的碱解氮、有效磷、速效钾、超过盐害临界时,大棚蔬菜已发生盐分毒害,影响根系植株生长。

二氧化氮和氨过剩中毒　菜农在大棚蔬菜施肥上往往偏重于施氮肥,以为氮肥见效快,易增产,但却忽略了在氮肥过多的情况下,铵态氮转化为二氧化氮,当二氧化氮浓度达到 2×10^{-6}时,就会毒害蔬菜叶片,叶背产生白斑和黄色小斑点等肥害状,同时植株游离氨过多,病虫害易发生加剧。

土壤养分失衡造成生理缺素障害　在连作情况下,连续大量施用相同或相似的肥料,而特定作物对养分的吸收具有一定选择性,这样会使某些元素过度缺乏,而某些元素又过度积累,造成土壤养分不均衡。①化肥多,有机肥少,影响蔬菜的自然品质。②氮肥过多,钾肥缺乏,会降低氮肥利用率,增加肥害。③大量元素肥料多，往往会降低中、微量元素肥料的有效性，如氮、磷过多，就会降低钙、硼、锌等养分的有效性，连作蔬菜地易发生缺钙引起的大白菜干烧心，番茄、甜椒脐腐病等，缺硼引起萝卜、芹菜茎裂病，叶片扭曲变厚变脆等症状。

土壤微生物群体异化，产生一些生物毒性物质 同种作物根系分泌物相同，导致某些土壤微生物大量繁衍，某些土壤微生物被抑制，这样微生物群体就会异化，从而不利于土壤的熟化和肥料营养的分解分化，造成土壤性能恶化。另外，连作土壤中微生物群体发生变化，可使病残体连年积累，土壤病原真菌数量迅速增加，拮抗性细菌和放线菌受到抑制，会造成枯萎病、青枯病和根结线虫等土传病害的严重发生。

防治蔬菜大棚土壤连作障害的措施：

应用秸秆生物反应堆技术 秸秆在微生物菌种净化剂等作用下，定向转化成植物所需的二氧化碳、热量、抗病孢子、酶、有机和无机养料，在反应堆种植层内，20厘米耕作层土壤孔隙度提高一倍以上，有益微生物群体增多，水、肥、气、热适中，对大棚蔬菜连作障害有治本的作用。

增施有机肥 有机养分全面，对土壤酸碱度、盐分、耕性、缓冲性有调节作用。

平衡施肥 化肥施用不合理，尤其是氮肥施用过多，是连作蔬菜大棚土壤障害的主导因素。因此平衡施肥是大棚蔬菜生产、高产、优质、高效的关键措施。

合理轮作倒茬 利用不同蔬菜作物对养分需求和病虫害抗性的差异，进行合理的轮作和间、混、套作，也可以减轻土壤障害和土传病害的发生。

深翻消毒 深翻可以增加土壤耕作层，破除土壤板结，提高土壤的通透性，改善土壤理化性状，消除土壤连作障害。结合深翻整地用棉隆颗粒剂进行化学消毒，也可有效地减轻连作障害的发生。

调节土壤pH 蔬菜连作引起土壤酸化是一种普遍现象，每年对棚内土壤酸化要做一次pH检测，当pH小于等于5.5时，翻地时每亩可施用石灰50～100千克，与土壤充分混匀，这样不但可提高pH，还对土壤病菌有杀灭作用。

22. 正确判断农作物缺肥症状

正确判断作物缺肥症状并合理施肥，及时补充作物缺乏的肥料，对提高农作物产量和质量是非常重要和必要的。

缺氧主要症状 新枝细、短，叶小、直立、叶色灰绿、叶柄叶脉皮层变红；花少果小，果实早熟易脱落；细根多，大根少，新根发黄，抗病虫和抗寒能力减弱，从下部叶片开始，叶色变浅，呈淡绿色，以后逐渐变黄枯干，有时叶面出现青铜色斑纹。严重时，植物停止生长，叶片逐渐脱落。

缺磷主要症状 ①小麦缺磷的表现：幼苗生长缓慢，根系发育不良，分蘖减少，茎的基部呈紫色，叶色暗绿，略带紫红，穗小粒少，千粒重明显降低。②玉米缺磷的表现是，苗期生长缓慢，在5叶期症状较为明显，叶片紫红，玉米棒短而小，呈弯曲形，过早出现秃顶，大多籽粒不饱满。③大豆缺磷的表现是：叶色变深，呈浓绿或黑绿色，叶形小、尖、窄，且向上直立，植株瘦小，生长缓慢。严重时，茎秆可能出现红色，开花后大豆若缺磷，叶片则出现棕色斑点。④果树缺磷的表现是：果实品质差，生长缓慢，叶片稀少，叶色黄褐，容易出现早期脱落现象。

缺钾主要症状 一般作物下部叶片尖端变黄，沿叶片边缘逐渐枯黄，叶脉两边和叶中脉仍为绿色。严重时，大部分叶片枯黄，叶片边缘呈火烧状。禾谷类作物表现为分蘖力减弱，茎秆柔软，容易倒伏。双子叶植物叶片卷曲，逐渐皱缩，有时叶片残缺，但叶片中部仍保持绿色。块根作物的质量减少，品质差。果实成熟期不一致，果肉木质增多，味道酸苦不好吃。

23. 改善土壤性状 挖掘菜地潜力

由于常年种植蔬菜，施用化肥较多，使田园土壤老化、板结，病虫害也逐年加重，经济效益下降，为此，需要对菜地进行土壤改良。

增施有机肥 增施有机肥是提高土地性状十分有效的措施。增施有机肥后，使耕作层水、肥、气、热、菌等因素得到协调统一，不仅为菜苗根系、茎叶生长创造了一个温度适宜和肥料齐全的优良环境，更能有效地改良土壤性状。

疏松耕作层 配合施用有机肥料，逐步加深耕作层，使耕作层深度达到30厘米以上，同时，利用冬耕冻土，夏秋晒垡，促进土壤熟化，保证耕作层疏松肥沃，提高土壤有效肥力。同时，要勤锄划，活化土壤，这样的土壤透气性才好，一般蔬菜定植后，应每隔3～5天划锄一遍，深度以3～5厘米为宜。

轮作养地 实行不同科属蔬菜品种的合理轮作，如将需氮较多的叶菜类蔬菜、需磷较多的果菜类蔬菜和需钾较多的茎菜类蔬菜进行轮作；把深根性的豆类、茄果类蔬菜，同浅根类的白菜、甘蓝、黄瓜、葱蒜类蔬菜等进行轮作，既可充分利用土壤中所含的各种不同养分和不同土层中的养分，又可逐渐改善肥力，减少病菌和有害物质积累的为害。

施用生物菌肥 蔬菜经过长时间的连茬种植，土壤中的有害微生物积累，而有益微生物减少，施用生物菌肥后，可以使土壤中的有益微生物增加，这样能起到改良土壤的作用。

合理浇水　应减少大水漫灌对土壤的破坏作用，可采用滴灌，对土壤有保护作用。滴灌是通过慢慢地浸润土壤，避免了大水漫灌造成的对土壤表层的冲刷，能有效减少对土壤耕层的破坏。

24. 菜地培肥掌握新法

新菜田都存在土层浅，通透性差，不易耕种，土壤有机质含量低，土质瘠薄，养分缺乏，灌排不配套等不利因素，故需要加快培肥，以保障土壤养分平衡，加速土壤熟化，为蔬菜丰产创造良好的土壤条件。

深耕改土　粮田土层一般较差，耕作层仅 15 厘米左右，改为蔬菜土，由于种植茬数增加，养分消耗大，应逐渐加深耕作层，改善其物理性质。深耕时间可安排在夏秋蔬菜出园时，各深翻两次，使耕作层达 25～40 厘米。

增施有机肥　要改良土壤结构，必须要有能够稳定结构的物质，如改良剂、城市有机垃圾、有机肥等。施用有机肥不仅能供应蔬菜对氮、磷、钾的需要，而且能促进土壤团粒机构的形成，提高保水保肥能力和增加土壤的缓冲能力，它是培肥新菜地的物质保证，应予高度重视。

种植豆科绿肥　豆科绿肥固定大气中的氮素，在采摘其可食部分后，将秸秆还田，尤其是将豌豆、蚕豆等嫩茎叶压青，可增加土壤有机质和氮素含量。

合理轮作　蔬菜连作会导致土壤酸化、盐化和病害蔓延。在粮改菜地区，应特别重视合理轮作，利用不同品种蔬菜的吸肥差异，减缓某种养分的过度消耗，避免或减轻上述问题的出现，从而充分发挥新菜田的潜力。如在轮作中安排一些芥菜、豌豆等，能吸收利用一般蔬菜所不能利用的磷、钾，并有 14％～34％又重新以可用态分泌到土壤中，为下茬蔬菜改善了磷、钾营养状态。轮作方式多种多样，但在轮作中均应安排一季豆科蔬菜。

此外，还必须根据每一块地的具体情况，对症下药，有针对性地采取相应措施。例如，对于常遇内涝的低洼地，必须解决排水的问题；对于酸性土壤，必须施用石灰质肥料。培肥不是短期实行的，但如果各种措施得当，效果还是很明显的，各地可因地制宜进行培肥。

25. 不同蔬菜不同施肥法

基肥需腐熟　基肥一般以厩肥、堆肥等农家肥为主。在蔬菜播种前施入土中，这些农家肥不仅含有蔬菜所需的多种元素，而且能供给土壤大量有机质，改良土壤。用作基肥的农家肥，都必须腐熟，基肥有全面和局部两种使用方法。根菜类和菠菜、苋菜等密植的叶类菜以及施用量大的，可将厩肥、堆肥等均匀地洒在地上耕入土中。南瓜、茄子、甘蓝等行、株距较宽的作物或厩肥等用量较少的，可以进行行间挖沟或在株间挖穴施。施用基肥完成后，需在蔬菜出苗期喷施光合营养膜肥来提升光合作用产能营养物质和叶绿素，助力植物吸收大量光能、兼容常规肥料、养料，供给植物生长发育至极限。

追肥要灵活　追肥以速效性肥料为主，如人粪尿、硫酸铵、复合肥、尿素等。在蔬菜有3～4片真叶或栽植秧苗成活后才开始追肥，每次施用后都应用蔬菜壮茎灵来疏通堵塞的营养疏导管，提升植物对肥料的吸收。追肥的次数和用量应看蔬菜的种类、生长期、气候、土壤的干湿和肥力等具体情况而定。植株小时，肥料浓度应稀薄，一次施用量应少些，随植株长大逐渐增加施肥的次数。土壤肥沃，蔬菜生长旺盛，可施少些，反之，应多施一些。一般每15～20天追肥一次。对于生长枝蔓的菜果，应在果实生长期喷施智控促花王来调控生长营养匹配，填补缺失营养元素真空，抑制枝蔓的生长，提高果实的营养供给。速生蔬菜，如菠菜、小白菜则应薄肥勤施，每7～10天施用一次。总之，追肥应采用"先淡后浓、少食多餐"的方法，适时适量地分期多次追肥，以满足蔬菜不同生长期的营养需要。

蔬菜的种类不同，对肥料的要求也不同。小白菜等叶菜类，要供给充分的氮肥，才能迅速生长。豆类、马铃薯应多施钾肥，才能提高产量和品质。番茄、茄子、瓜类等除施用氮肥外，应多施磷钾肥，以促进果实长大、早熟和提高品质。

26.蔬菜叶面追肥七注意

选择肥料要适宜　叶菜类蔬菜多选用尿素、磷酸二氢钾；茄果类、瓜类蔬菜多选用氮、磷、钾混合液或多元复合肥；根茎类蔬菜多选用磷、钾肥。

喷施浓度要适宜　叶面施肥的适宜浓度为：尿素1％～2％；磷酸二氢钾0.2％～0.5％；硫酸铵0.2％～0.3％；硼砂0.03％～0.1％；过磷酸钙1％～2％；米醋0.3％；稀土0.3％～0.1％。

喷施部位要适宜　叶面追肥喷施的重点部位是蔬菜的幼嫩茎叶，并且正、背面都要喷到，不可漏喷或重喷。

喷施时期要适宜　叶菜类蔬菜一般在生长前期和中期施用；茄果类、瓜类、豆类、根茎类一般在中期或后期施用。

喷施次数要适宜 一般叶面追肥进行2～3次，每7～10天一次。

喷施时间要适宜 叶面追肥多选择在晴天下午阳光不太强烈时喷施，以利延长肥液在蔬菜上的湿润时间，提高肥效。如喷后3小时遇雨，天晴后要补喷，但浓度要适当降低。

肥料混用要适宜 蔬菜叶面追肥时，将两种或两种以上的肥料混用，增产效果显著。但不能任意混用，如磷酸二氢钾不能和稀土混施；过滤后的人粪尿不能和草木灰浸出液混用；磷酸锌不能和过磷酸钙混用。

27. 叶肥自制　增收节支

农作物常因施肥不足出现不同程度的早衰现象。使用叶面追肥是解决这一问题的有效方法，如果自己动手制作叶面肥料，不仅使作物增产，还可省钱省力。

磷酸二氢钾液 按0.1～0.15千克磷酸二氢钾兑水50千克配制施用。

尿素液 按1～2千克尿素兑水100千克配制施用。

过磷酸钙液 用过磷酸钙4～5千克兑水20千克，浸泡24小时，滤取原液，使用时每千克原液兑水100千克施用。

草木灰液 取草木灰和水，按1∶5的比例配制，浸泡24小时，滤除清液。使用时每千克滤液，兑水50千克施用。

锌肥液 用50～60克磷酸锌，兑水50千克即可使用。

钼肥液 把钼酸铵配制成0.02%～0.05%的浓度液施用。

硼肥液 用硼砂50～60克，兑水50千克，配制成0.1%～0.2%的硼肥液施用。

28. 怎样提高蔬菜叶面喷施效果

蔬菜叶面喷肥必须根据不同蔬菜选用不同的叶面肥，才能收到良好的效果。

叶菜类蔬菜 白菜、菠菜、芹菜等应以尿素、硫胺为主。喷施浓度：尿素为2%、硫胺为1.5%。一般10～15天喷施一次，每季喷2～4次。喷施时加500倍的食用醋，效果更佳。

瓜果类蔬菜 各种瓜类、番茄、茄子、辣椒等应喷施氮、磷、钾的混合液或复合肥，可喷1%～2%的尿素与2%的复合肥溶液，一般在生长期和后期各喷1～2次。后期加3 000～4 000倍的802溶液混喷，可防止早衰。

根茎类蔬菜 大蒜、洋葱、萝卜、马铃薯等。可选用0.3%的磷酸二氢钾溶液、10%草木灰浸出液、2%的过磷酸钙浸泡过滤液。每季喷施3～4次。

蔬菜喷施叶面肥以晴天的早晨或傍晚效果最好。每次每亩喷施肥液 50 千克，以将叶片喷湿为宜。

29. 有机肥科学施用五要领

因作物施肥 人及牲畜粪尿对一般作物都可施用，但最适宜的作物是叶菜类、禾谷类及纤维作物。粪尿中含有大量氮，所以不宜施在甘薯、烟草、马铃薯等忌氮作物上。

腐熟后施用 大部分有机肥物理性质比较复杂，有机肥常带有病菌、虫卵和杂草种子，不经过腐熟，对作物生长不利，应经过堆沤发酵后施用（可在有机肥加入辛硫磷等杀虫、杀菌剂）。

以基肥深施为主 有机肥肥效长，养分释放慢，一般应作基肥施用。深耕时施用有机肥料，有利于土肥相融，促进土壤团粒结构的形成，有效改善土壤性状。

施肥料不宜过大 有机肥体积大，养分低，需大量施用才能满足作物的生长需要，但并不是越多越好。

合理混施 羊粪的养分含量在家畜粪便中最高，分解速度较快，粪劲较猛，为达到粪劲平稳，应在羊粪中加入猪粪或牛粪混合施用。人粪尿是速效性有机肥，施用时应搭配土杂肥和磷、钾肥。

30. 冬季施肥有讲究

忌施尿素 尿素属于酰胺态氮肥，施入土壤中不能被作物直接吸收利用，需要在土壤中尿素细施菌分泌的脲酶的作用下转化成铵态氮才能供根系吸收。尿素转化的速度主要取决于当时土壤的温度，正常情况下，施入土壤中的尿素全部转化为铵态氮，在低温为 10℃时需要 7～10 天；20℃时需要 4～5 天；30℃时需要 2～3 天。可见，作物冬季或早春追肥，如果施用尿素，往往会因为肥效发挥缓慢而影响作物生长。

宜施碳铵 冬季气温低，碳铵不易挥发分解，有利于提高肥料利用率；碳酸氢铵属于铵态氮肥，施入土壤后被作物直接吸收利用，肥效快，属于典型的速效肥，可及时为作物提供氮素营养。

增施磷、锌肥 作物对磷、锌的吸收受温度和光照影响明显。冬季气温低，光照不足，容易诱发越冬作物缺磷、锌，应适当增施磷肥和锌肥。另外，磷能增强植株抗寒性，增施磷肥还有利于防止作物受冻。

31. 冬季作物补硼效果好

冬季作物中，十字花科作物占比重较大，如白菜、甘蓝、萝卜、油菜等，这些作物对硼特别敏感。同时，芹菜、麦类、胡萝卜等对硼也比较敏感。缺硼不仅生殖力受到严重影响，而且营养生长受阻，抗寒能力下降，还易诱发心腐病。那么如何补硼呢？施用方法如下：

做基肥　硼肥在中度或严重缺硼的泥土上基施效果最好；每亩可用0.5～0.75千克硼砂与干细土或有机肥料混匀后开沟条施或穴施；或与氮、磷、钾等肥料混匀后一起基施；切忌使硼肥直接接触种子（直播）或幼苗（移栽），免得影响发芽、出苗和幼根、幼苗的生长；不宜深翻或撒施，用量不能过大；若每条施硼砂超过2.5千克时，就会降低出苗率，甚至导致死苗减产。

处理种子　浸种宜用硼砂或硼酸，通常先用40℃的热水将硼砂溶解，再加冷水稀释至0.01～0.03的硼砂或硼酸溶液，将种子倒入溶液中，浸泡6～8小时，液比为1∶1，捞出晾干后即可播种。

叶面喷施　用0.1%～0.25%的硼砂或硼酸溶液，每亩每次喷施40～80千克溶液，6～7天1次，连喷2～3次；叶面喷施以下午为好，喷至叶面布满雾滴为宜；如果喷后6小时内遇雨淋，应重喷1次。

32. 作物生理性和传染性病害简易区别

在实际生产中，作物生理性病害和传染性病害常易混淆，一旦误诊，可能延误最佳防治时间，造成无法挽回的损失。或者滥用农药，影响农产品的质量，给人畜带来危害，造成环境污染。因此，准确、及时地诊断鉴定，是搞好植物病害防治工作的前提和保障。

（1）生理性病害“三性一无”。

植物生理性病害由非生物因素即不适宜的环境条件引起，这类病害没有病原物的侵染，不能在植物个体间互相传染，所以也称非传染性病害。

突发性　病害在发生发展上，发病时间多数较为一致，往往有突然发生的现象。病斑的形状、大小、色泽较为固定。

普遍性　通常是成片、成块普遍发生，常与温度、湿度、光照、土质、水、肥、废气、废液等特殊条件有关，因此无发病中心，相邻植株的病情差异不大，甚至附近某些不同的作物或杂草也会表现出类似的症状。

散发性 多数是整个植株呈现病状，且在不同植株上的分布比较规律，若采取相应的措施改变环境条件，植株一般可以恢复健康。

无病征 生理性病害只有病状，没有病征。

(2)传染性病害“三性一有”。

传染性病害由生物因素引起，可以在植物个体间互相传染，因而又称侵染性病害。

循序性 病害在发生发展上有轻、中、重程度的变化过程，病斑在初、中、后期其形状、大小、色泽会发生变化，因此，在田间可同时看到各个时期的病斑。

局限性 田块里有一个发病中心，即一块田中先有零星病株或病叶，然后向四周蔓延，病、健株会交错出现，离发病中心较远的植株病情会有减轻现象，相邻病株间的病情也存在差异。

点发性 除病毒、线虫及少数真菌、细菌病害外，统一植株上，病斑在各部位的分布没有规律性，其病斑的发生是随机的。

有病征 除病毒和类菌原体病害外，其他传染病害都有病征。如细菌性病害在病部有脓状物，真菌性病害在病部有锈斑物、粉状物、霉状物、棉絮状物等。

当然，不管是生理性病害还是传染性病害，在进行诊断鉴定时，为了更加准确，在上述诊断的基础上，还要结合实验室鉴定，才能更进一步取得比较准确的鉴定结果。

33. 蔬菜除草剂的使用要领

蔬菜除草剂大都非常敏感，在施用除草剂时一定要谨慎。

注意除草剂对下茬蔬菜的影响 蔬菜对除草剂大都非常敏感，施用不当很容易出现药害，尤其是特效期较长的除草剂，还容易对下茬蔬菜造成影响。因此，在施用除草剂时一定要注意，不仅考虑到当茬蔬菜的生长，还要考虑对下茬蔬菜的影响等，以免造成损失。

中耕、覆膜、喷除草剂有机结合 施用除草剂时一定要了解除草剂的特性及施用方法。对于残效期短，触杀型的除草剂如百草枯等，只能被植物绿色组织吸收，使其枯死，在土壤中则会迅速与土壤结合而钝化，对下茬蔬菜不会造成影响，可在蔬菜定植前施用。但这类除草剂只能杀死杂草的地上部分，对杂草的的地下茎及根系没有作用，往往除草不彻底，因此在定植时杂草仍然很多。菜农可结合其他措施，效果更好。

34. 把握好夏季喷施农药的最佳时间

夏季是多种作物的生长适宜期，但因气温高、光照好，因此也是滋生病虫害的最盛期。为此，在喷施农药及植物生长剂时，要最大限度地发挥药效，掌握最佳喷施时间至关重要。实践证明，无论是对粮食、蔬菜，还是经济作物等，都以上午 10 点以前，下午 5 点前后为最佳时间。这是因为：

上午 9 点左右，一般露水已干，温度还不太高，正是日出性害虫取食、活动、交配最旺盛的时候，所以这时用药，不会因为药剂被露水冲洗或稀释而降低药效，也不会因气温高而导致药剂分解，影响药效。相反，这时用药反而会增加害虫取食、触药机会，有效地提高农药的杀伤力。下午 5 点左右，光线相对减弱，夜出性害虫开始活跃，所以，这时喷药正好在其为害之前，也有较高的杀虫率。

若在中午喷药则效果不佳。一是气温高易造成农药分解、挥发，虫嗅到药味逃之夭夭，且长期作业人易造成中毒；二是太阳光照强，大多数害虫躲在叶片的背光面，甚至停止活动，药物喷后杀虫率低得多；三是光照强度大，也会造成药品分解降低药效。

35. 科学用药减少旱后损失

按照农业种植蔬菜经验，大旱之年要谨防虫灾，同时病虫害防治也较为棘手。那么，应该如何科学使用农药，努力降低大旱带来的损失呢？

秋粮蔬菜收获前，病虫防控要加强　大旱后的秋季是水稻、玉米、大豆等大田作物收获前病虫容易发生的时期，灭虫工作对于夺取秋粮果蔬丰收十分重要。对秋天蔬菜瓜果易生的蚜虫、斑潜蝇、小菜蛾等害虫要进行科学合理地打药灭虫。如番茄细菌性髓部坏死病，在番茄茎秆内发生，为害番茄髓部。若单独采用喷药措施，很难控制病情发生发展。而如果采用喷、灌结合，上喷下灌，则药液更容易传导或渗透至患病部分，治疗和预防效果会显著提高。

大旱后的秋天用药防病要讲究方式方法。由于空气湿度小，作物施低毒水溶性有机磷农药不宜流失，因此，建议蔬菜作物上不要施用有机磷农药防治害虫。如果一定要使用叶面喷雾低毒有机磷农药，安全间隔期必须在 15 天以上。其他农药间隔期应比商品说明推荐的时间延长 5 天。同时农药一季作物使用不超过 2 次，低毒有机磷农药最多使用 1 次。

严格田间管理，翻晒巧施农药 连续大旱导致大田蔬菜局势已定，在加紧秋季备耕的过程中，要优先选择高效、低毒、低残留农药，并认真阅读所选农药说明，提高农药施用效率，保障秋冬种正常进行。要结合秋冬种、深翻土地进行晾晒，结合撒生石灰、生物性或者低毒性农药粉剂等消灭害虫，或者用阿维菌素、菊酯类等农药粉剂等进行土壤处理。还要把握秋季害虫产卵周期，人工摘除卵块，减少农药使用次数。干旱不利于除草剂药效发挥，建议人工除草，秸秆堆腐处理，禁止焚烧，杜绝火灾隐患。

提前做好准备，备足当季农药 根据以往的灾情规律，旱灾结束后就是农作物的补种、抢种之时，如改种萝卜、大白菜等秋季蔬菜。由于连续干旱，温度高，秋季蔬菜害虫多，发生频次多。所以一旦旱情解除，这些农作物用药市场的行情将好，尤其是秋季蔬菜农药施用量增加，前期抑制的农药需求会爆发出来，即形成购销旺季，杀虫剂、杀菌剂、除草剂销量都会迎来高峰。因此，必须早下手，备好备足农药，如一些常用的杀虫剂、杀菌剂等。同时，秋冬种在即，种子包衣、土壤处理、药剂拌种等措施需要大量农药。如北方冬小麦播种所需要的拌种剂、种衣剂等农药要早做准备，早购买，以备急需。

积极参加培训，提高防治水平 农业技术部门要积极为农民培训农药使用方面知识和农药使用方法，要举办不同形式不同层次的培训班，通过专题讲座、宣传片等，向农民全面介绍科学用药知识。通过培训学习，让农民明白“四问题”，即什么病虫、何时打药、打什么药、怎么打，以切实提高科学用药水平，减少应使用不当引起的农作物药害和人畜中毒事件。

36. 蔬菜药害如何防治

（1）预防方法

防治药害应本着预防为主，防患于未然的原则，必须综合考虑各种因素。预防在先。

正确诊断 蔬菜发生病虫为害，一定要正确诊断，了解病虫为害症状和程度，准确诊断病虫害，然后选用农药种类，做到对症下药，按防治指标施药，防止用错农药，避免发生药害。

慎用新药 对于新药或自己未施用过的药剂，或从技术资料上查到的农药使用方法，都应先进行小范围内的药剂试验，取得经验后，再大面积使用。

充分了解药剂性质 在使用购买农药前，一定要仔细查看农药标签上的使用说明，了解药物特性，做到对症下药，避免喷用不适当的药物。

充分了解药剂质量　如可湿性粉剂和胶悬剂的悬浮率下降，乳油稳定性差，有分层，大量沉淀或析出许多结晶，都会产生药害，应避免使用。

正确用药　使用过程中一定要按照要求的浓度、用量、喷药时间，用药次数施药，不可任意添减。夏季中午高温（30℃以上）、强烈阳光照射。相对湿度低于50%、风速超过3级，雨天或露水很大时不能施药。苗棚用药前要开棚炼苗，用药后不可立即关棚。

清洗药械　用药器械要注意清洗。如喷过除草剂的喷雾器必须清洗多遍再用肥皂水或2%～3%热碱水反复清洗数次，再用清水冲。如喷过2,4-D的喷雾器要用0.2%浓度的苏打水浸泡8～12小时，最后用清水洗净。

了解前情　种植蔬菜时对前茬作物用药的情况尤其是除草剂必须了解清楚，前茬用莠去津除草后对下茬的蔬菜药害也相当严重，如西瓜则影响西瓜生长和结瓜，甚至毫无收成。

合理混用　农药混用时，注意所配混品种的特性，切勿乱混用和随意增加用量和提高浓度。

喷药后清洗喷雾器　抓好施药后的避害措施，在施用完一种农药后，应彻底清洗喷雾器。妥善处理喷雾余液，不可随地乱倒，以免产生药害。

在蔬菜作物上，不能使用国家禁用农药　注意所用农药的安全间隔期。施药后，不在安全间隔期内采收蔬菜。

（2）补救措施

加强管理　在苗床内发生药害，可用分苗的方式来减轻药害。种子受害或幼苗受害较轻的田块，应加强肥水管理，适当补充氮肥，促苗早发。植物生长中后期受害，要及时中耕松土或人工培土，适当增施磷钾肥，促进根系发育，提高作物自身的恢复能力。种子或幼苗受害较重的田块，要及时补种或者移栽，缺苗断垄严重的应毁种重栽。

及时通风　对有害气体积累以及烟雾剂形成的药害，要加强通风时间。

清水淋洗　一般对于叶面和植株喷洒农药后引起的药害，如发现及时，可迅速用大量清水喷洒受害部位，反复喷洒2～3次，尽量将蔬菜植株表面残留的药物洗掉。这种方法对缓解内吸性较差的农药造成的药害效果较好，对内吸性较强的农药引起的药害缓解则较差。

施肥补救　对于喷施农药产生的药害，及时发现用清水冲洗后，可用0.1%的高锰酸钾喷淋一遍。经过高锰酸钾的氧化作用使有些药物分解,以求把药害降到最低。并中耕松土,促进根系发育,增强作物恢复能力。以后应喷用核苷酸养护叶片,浓度为0.05%的产品用400倍,为了提高效果可以混加复硝酚钠6 000倍,有利于蔬菜伤害恢复,能减少恢复时间。

如因错用或者过量使用有机磷类、拟除虫菊酯类、氨基甲酸酯类等遇碱性易分解失效的农药而引起的药害,可喷洒碳酸氢铵等碱性化肥溶液,有一定的解毒作用,又有根外施肥促进植物生长发育的效果。

对叶面药斑、叶缘焦枯或植株黄化的药害,可采用喷用细胞分裂素的办法,以阻止叶片继续变黄。也可加入核苷酸中一起使用。用细胞分裂素可避免叶绿素过快分解,恢复叶片活力。

对烟雾剂产生的药害,及时放风后,可喷洒复硝酚钠6 000倍液或芸薹素内酯等进行补救。

排灌补救 对一些除草剂引起的药害,适当排灌也可减轻药害程度。

激素补救 对于抑制或干扰植物赤霉素的除草剂、植物生长调节剂,如2,4-D丁酯、二甲四氯、乙烯利等药剂,可喷施赤霉素、芸薹素内酯等激素类植物生长调节剂缓解药害程度。对由三唑类药物引起的抑制生长,可用赤霉素30～50毫克/千克,提头促长,缓解药物的抑制作用。为了提高药害恢复速度,除喷用核苷酸、复硝酚钠外,还可以混加甲壳素、80%的产品可用600倍,能促进恢复,并能减少继发的病害。

去除药害严重部位 这对于缓解内吸性药物产生的药害效果较好。内吸性药物被蔬菜吸收后,能够慢慢扩展,从而发挥防治病害的作用。叶片遭受药害后,褪绿变色的枝叶要及时摘除,以遏制药剂在植株体内的渗透传导。

换茬 发生严重药害时,可酌情换茬。

清除 对食用蔬菜,可采用清水浸泡、开水烫焯、削皮、多次洗涤等方法,清除残留农药。

37. 绿色蔬菜种植技术要点

绿色蔬菜栽培就是采用综合技术措施,预防为主,创造有利于蔬菜生长而不利于病虫害发生的生态条件,科学地选用高效、低毒、低残留的化学农药,使蔬菜中的农药残留量低于国家的标准,在栽培过程中建议采取下列五项措施。

把好种子关 要选用优质的、高产、抗耐病虫害的蔬菜良种。

把好播前准备关 ①在播种前,应及早翻耕,暴晒土壤,除净残留根茬和枝叶,消灭土壤残存的菌源和虫源。②做好种子处理工作，选用温水浸种，即用55℃的温水，浸泡15分钟，可以杀死种子表面附着的病菌。

把好栽培管理关 加强管理，及时间苗定苗，中耕除草，摘除病株，控制病虫传播。

把好施肥关 ①基肥要以有机肥为主，并且要充分腐热，以减少致病菌和虫卵的带入。②追肥要以腐熟粪尿为主，多元复合肥为辅，防止过多追施氮肥导致徒长。化肥尿素、磷酸二铵等肥料在收获前15天就停止使用。③合理使用激素和微量元素，严格按照标签说明使用浓度和计量，防止过量引起药害。

把好防治关 以物理法为基础，生物农药打头阵，土制农药当配角，高效低毒残留化学农药助威力，剧毒农药不下田。

①采用物理法灭虫。无公害杀虫黄片，利用蚜虫、白粉虱、斑潜蝇等多种害虫成虫对黄色敏感，具有强烈趋黄性特性，通过采用这种特殊黄色配以特殊黏胶，达到对害虫的诱杀。

②尽量使用生物农药和植物农药。用BT乳剂青虫菌防治菜青虫，小菜蛾；用农药链霉素防治细菌性角斑病、大白菜软腐病、黑腐病；用井冈霉素可防治立枯病和根腐病；用ET-107杀蚜素防治蚜虫。

③科学地使用化学农药。严禁使用DDT、甲胺磷、甲基异柳磷等剧毒高残留农药。

38. 春季早晚温差大　蔬菜管理需注意

(1)调控温度

早春温度变化大，管理以合理控温为主。要通过合理防风调节室内温度。茄子、辣椒等蔬菜白天室内温度应控制在28～30℃、夜间14～16℃；番茄、西葫芦等蔬菜要控制在白天25～28℃、夜间12～14℃。番茄棚内温度上升到28℃左右时开始放风，一般采取放顶风，随着外界气温逐步上升而逐渐加大通风量。下午4～5点以后外界气温下降前，及时覆盖草苫，以确保棚内温度始终维持在适合蔬菜生长的范围内。中午棚内气温不高或白天刮大风时，一般不要放风或少放风，一旦出现雨、雪或大风降温天气，要采取必要的临时保温措施以防温度过低，但也应防止夜温过高，以免造成秧苗徒长。后期温度过高时，可采取放前底风，当夜间最低温度达到15℃以上时，不再盖草苫，昼夜通风。

(2)科学浇水

早春由于外界气温较低,温室内通风量小,因此管理中应注意浇水的时机、时间、频率和浇水方式。温室内地膜覆盖栽培的,浇水最好采用膜下暗灌或者滴灌,浇小水为主,不能进行大水漫灌。

浇水时间要看天气而定,保证浇水后有2～3个晴好天气。一天中应尽量选在晴天上午,浇水量要根据天气、植株生长和土壤墒情而定。早春浇水不必太勤,以防湿度过高导致病害的发生和蔓延。3月中下旬后,随着温度的升高,植株生长加快时,可适当加大灌水量和次数。一般在浇水后要封闭棚膜,提高棚内温度,待地温上升后,再进行通风排湿,有利于植株健壮生长,抑制病虫害发生。

(3)防风

春季风多、风大,并且还可能伴有沙尘暴,所以做好防风工作,保护棚膜和骨架非常重要。特别是在遇到风力级别较高的大风天气时,如棚膜紧固不牢,常会被大风撕毁。为此,注意收听天气预报,在大风来临之前固牢棚架,固紧压膜线,检查棚膜有无破损处,发现问题,及早采取针对性防范措施。

(4)改善光照

一是延长光照时间,增加光照强度。在棚内温度得到保证的条件下,不论是晴天还是阴天,草苫都要尽可能地早揭晚盖,以尽量延长棚内蔬菜的见光时间;二是保持合理的群体结构。进入生长中后期的温室蔬菜,应做好整枝、绑蔓工作,提高光能利用率。并及时摘除老叶、黄叶、病叶等,减少养分消耗,防止病害蔓延。

(5)及时追肥

在适当增加浇水次数和浇水量的同时,结合浇水每7天左右冲施一次化肥(黄瓜可3～5天冲施一次)。追肥要掌握"少量多次"的原则,适当增施磷、钾肥,以提高植株的抗逆性,提高品质。在进行根施的同时,可采取叶面喷肥,如喷施0.2%～0.3%的尿素液或磷酸二氢钾溶液。

(6)病虫害防治

随着温度的升高,日光温室蔬菜病虫害也将普遍发生。对各种病虫害的防治要积极贯彻"预防为主,综合防治"的植保方针,有针对性地进行防治。要注意选用高效、低毒、低残留农药,控制病虫害的发生和蔓延。

39. 如何预防倒春寒

低温炼苗 在幼苗出齐以后,苗床要通风,并随天气转暖逐步加大通风量,对幼苗进行低温锻炼，以提高秧苗抗寒能力，适应室外低温环境。

增加保护设施　增加保护设施可采取两种方式：一是架设风障。风障对冷空气有阻挡作用，防止地表进一步降温。二是开沟栽植，覆盖地膜。早春蔬菜定植时，可采取开沟栽植方式，沟深要求超过菜苗高度，再在沟上覆盖地膜即可。

临时加温　保护地生产，在寒流来临时，可在育苗棚或生产棚借助于搭建简易煤炉或安装电灯进行临时加温，以提高棚内温度，防止冻害。

浇灌井水　当较强冷空气过后，天气晴朗，夜间无风或微风，而且气温迅速下降，特别是当地表温度降至0℃以下出现霜冻时，可在地面大量浇灌井水，以大幅度提高地温。此法可使地面温度由0℃上升到8℃左右，避免霜冻出现。

熏烟　霜冻之夜，在田间熏烟可有效地减轻或避免霜冻灾害。但要注意两点：一是烟火点适当密些，使烟幕基本覆盖全园；二是点燃时间要适当。应在上风方向，午夜至凌晨2点钟点燃，直至日出前，有烟幕笼罩在地面，这样效果最好。

适量喷水　在霜冻发生前，用喷雾器对植株表面喷水，可使其体温下降缓慢，而且还可以增加大气中水蒸气含量，水汽凝结放热，以缓和霜害。

适时中耕　在霜前进行中耕，可以减轻霜害的程度。因为春季气温逐渐回升，土锄松后，可以更多地吸收和存贮太阳热能，一旦霜害降临，因土壤中已经积存了一定的热量，即可缓和霜冻。

40. 种菜要想多挣钱　育苗“八防”是关键

蔬菜育苗是保证丰产丰收的重要环节，也是蔬菜早熟、高产、优质的基础。在育苗过程中要注意以下情况的发生：

一防不出苗　播种后因种子质量差、病菌侵染、水分过多或过少、长期低温等原因，导致种子霉烂、幼芽干枯，长期不出苗。

预防措施：进行种子发芽实验，选用发芽率高的种子，备用的种子必须消毒后再播种，合理控制温湿度，保证苗全苗齐。

二防“顶壳苗”　种子虽然能发芽出苗，但出土后种皮不脱落，夹住子叶，形成“顶壳”苗，也叫“戴帽苗”，严重影响幼苗的光合作用和生长发育，容易形成弱苗。这种现象在瓜类作物上最常见。一是播种过浅，表皮易被晒干，种皮干燥发硬；二是种子成熟度不够或陈旧；三是揭膜过早。

预防措施：播种前充分浇透底水，出苗前保持土壤湿润。播种深度要适当，刚出苗时表土过干时，应适当喷点水。

三防“高脚苗” 高脚苗也叫徒长苗。田间表现为茎细、节间长、根须少、叶薄、色淡，抵抗能力差，定植后不容易成活。主要由于光照不足，密度过大，夜间温度过高，氮肥水分过多，连阴天或玻璃、薄膜等灰尘太多而引起的。

预防措施：控制肥水，及时通风透光，尽量增加光照强度和时间，及时间苗除草，遇连阴雨天，应照常揭开保温性覆盖物，防止徒长。

四防“老化苗” 老化苗也叫僵苗。秧苗生长缓慢或停止，苗体小、根系老化发锈，不长新根，茎矮化、节间缩短，叶片小而厚。如黄瓜“花打顶”现象，就是典型的老化苗。这种苗定植后，生长发育缓慢，影响产量和质量。由于床温过低或土壤严重缺水，抑制了秋苗的生长发育形成小老苗。

预防措施：合理控制温湿度，育苗期不宜过长，发现秧苗老化，及时采取措施。

五防沤根烧根 长期低温，湿度过大，施肥过多、施肥方法不当，均可使幼苗发生烧根沤根现象。沤根一般根部发锈，表皮腐烂，不长新根，幼苗萎靡；烧根表现为根尖发黄，不长新根，但不腐烂，幼苗矮小，生长缓慢，易老化。

预防措施：合理施肥，适当控制水分，创造适宜的温湿度。

六防毒气污染 薄膜选用不当，有些薄膜有毒，在高温条件下，挥发出多种有毒气体，使秧苗受到污染，出现中毒症状，叶子先褪绿，变黄，很快变白、干枯。十字花科幼苗最敏感，如菜花、油菜、白菜等，即使有微量有毒气体，子叶也会变白，甚至死亡。所以，十字花科蔬菜幼苗可作为测试薄膜是否有毒的指示植物。施肥不当也可产生毒气，污染秧苗，番茄、辣椒、包菜的等幼苗受到污染时，叶片呈现出圆形或菱形白色“烟斑”，逐渐枯萎脱落；茄子、南瓜、胡萝卜等幼苗受害时，则出现褐色“烟斑”，逐渐枯萎。为防止薄膜产生毒气污染秧苗，育苗时一定要选用合格的农业专用棚膜，一旦发现因薄膜有毒而出现异常状态，及时更换薄膜或白天加大通风量，放出有毒气体；苗床应施腐熟的有机肥，特别是氮肥的施入量不要过多，发现中毒，白天及时加大通风量，排除有毒气体。

七防秧苗受冻发生 冻害的原因很多，育苗期间一直比较暖和，突然来一次寒流，秧苗往往容易受冻；阴天、雨雪天后，天气突然转晴，棚内温度快速升高，相对湿度迅速下降，秧苗组织脱水干枯死亡；连续阴天、雨雪天、阳光弱，温度低，秧苗抗寒能力减弱，容易发生冻害。育苗的保护地设施封闭不严，雨雪从缝隙落到菜苗上，使秧苗局部受冻；秧苗顶到薄膜时，顶部的嫩芽易受冻害；通风时，苗床温度高，外面温度低，突然放风，秧苗也容易受冻，俗称“闪苗”。秧苗发生冻害时，叶片上出现白色和淡黄色的坏死斑，或叶的边缘变白，呈水浸状，逐渐干枯。轻度冻害，症状不明显，但植株生理机能下降，容易出现畸形花或畸形果。

预防措施：提高光照强度，培育壮苗，低温炼苗，控制湿度，合理配制床土，保护措施要严密，寒流来寒前，做好防寒保温工作。

八防病虫害　播种前进行种子消毒和土壤处理，谨防猝倒病、立枯病、早疫病、灰霉病等苗期病害，同时防治地下害虫、蚜虫、飞虱、红蜘蛛的侵害。在防治措施上，注重农业防治和生物防治，限量使用化学防治，严禁用高毒、高残留农药。

41. 蔬菜立体栽培技巧

生长期短的品种和生长期长的品种搭配　如芋头、冬瓜、西芹、胡萝卜等，生长期较长，可以在早期套种生长期短的、植株大小适中的苋菜、小白菜、芥兰、菠菜、早熟黄瓜、萝卜等。

喜光性品种和耐阴性品种搭配　如豇豆＋小白菜隔畦种植。

高杆品种和短杆品种、直立型和爬地型搭配　如洋葱＋菠菜（或小白菜）、分葱＋甘蓝。

深根性品种与浅根性品种搭配　如根系深的晚果菜类丝瓜、冬瓜、茄子等与浅根的绿叶菜类小白菜、芫荽、苋菜等组成多层次间、套种。

安排合理的田间群体结构　如冬瓜＋番茄立体栽培。可将冬瓜蔓引至番茄的人字架上攀缘生长，不仅利用了架材，而且后期的番茄果实由于冬瓜蔓的适当遮阳，又减少了果实的日灼病。

瓜果棚下提早育芹菜苗　如大平棚架栽培的冬瓜（或丝瓜、瓠瓜等），生长到7月下旬到8月时，可在没有种植冬瓜的畦上，播种早芹菜苗。

高海拔山区与平原垂直温度差异利用　如夏季高海拔800米以上地区反季节生长，冬春平原地区大棚设施反季节生产。

室内立架设施栽培技术　如立架种植空心菜、生菜、小白菜、芫荽、苋菜等散播绿叶菜类，充分利用空间、工厂化生产蔬菜，但需要灯光、冷暖空调等设施。

42. 蔬菜管理“三注意”

早春由于冷空气活动频繁，气温起伏较大，对各类蔬菜生产造成较大影响。为保证蔬菜安全生长，防止蔬菜冻害发生及大棚受损，要注意以下三点：

检查和加固棚室　为防止大风毁坏棚膜，使设施蔬菜受冻，对所有大棚要加固盖膜，切实提高大棚的保温、增温效果。如遇下雪，应及时清扫棚顶上的积雪，避免积雪压倒大棚；加固棚室，防止风雪将棚膜掀开，将破膜粘好，撑好，增强棚室抗风雪能力。

做好防冻保暖 棚室内的茄果类、绿叶菜类等幼苗，一定要采取地膜＋小拱棚＋中棚多层覆盖，有条件的地方还可用遮阳网、草包等覆盖，确保不受冻害。露地蔬菜（尤其是叶菜类）应加强防冻的田间管理，可以通过覆盖稻草、薄膜等保温性材料或施用有机肥来保温防寒。对多年生蔬菜如韭菜，正是施基肥时期，结合深耕施有机肥改良土壤，提高土壤肥力。

加强水分管理 要及时清沟排渍，降低菜田湿度；要控制浇水，疏通田间沟渠，加深大棚围沟，做到雨后菜田不能积水，防止因排水不畅造成渍害。雨雪过后露地蔬菜要及时清沟排渍，降低田间湿度，防止因排水不畅造成渍涝害、病害。

43. 蔬菜如何防治病虫害

生产实践中侵染蔬菜作物的病原物主要有真菌、细菌、病毒三类。

真菌类病害 由真菌侵染引起的蔬菜病害最多，如白粉病、霜霉病、疫病、灰霉病、晚疫病、炭疽病、叶斑病、菌核病、枯萎病、根腐病、茎腐病等。对这一类病害的生物防治措施中可冲施豆粕发酵液，具体做法是：黄豆粕 10 份加水 20 份加“申丰”菌液 1 份，在水缸或塑料桶内发酵，高温季节 2～3 周，低温季节 3～4 周，即可随浇水冲施，代替化肥。由“申丰”菌液中的有益菌群以黄豆粕为培养基发酵后，成等比例数繁殖，菌群迅速壮大，施入土壤后，形成独立的菌群，抑制病原菌的繁殖，坚持连续冲施，可有效防治由土壤传播的真菌和细菌病害。

细菌性病害 这类病害主要有软腐病、疮痂病、溃疡病、角斑病等。由土壤和种苗传播，需要早发现，早防治。生产中用来防治细菌病害的杀菌剂主要有铜制剂，如可杀得三千（46％的氢氧化铜水分散粒剂）、冠菌清（57％氢氧化铜水分散粒剂）。10 点钟前用杀菌剂溶液叶面喷洒。这两种铜制剂在使用时，要单独稀释喷洒，不可与其他农药混合使用，在黄瓜上慎用。

病毒病 蔬菜病毒病主要是花叶病毒感染。生产中，防治这一类病害在技术上难度很大。目前，还没有有效的治疗药剂。在实践中，可从两个方面着手。一是发病前叶面喷洒壮秧保护剂——吗呱乙酸铜水溶液。这一类保护剂在使用时，要单独稀释，单独喷洒，不可与其他农药混用，10 点种前喷洒更好。二是及时防治刺吸式口器害虫——蚜虫、白粉虱、蓟马、螨虫等。发现有感染的单株后，要及时连根拔除，使其远离农田，并在感染病毒的病株生长处填埋生石灰 1～2 千克。

44. 瓜类蔬菜整枝有讲究

去除徒长枝蔓 对于生长势头过强，生长节间细长、不结瓜的徒长枝要及时去除，减少植株郁闭；对于有生长空间、生长势不是很强的徒长枝，可采取扭枝的方式，抑制其生长势，争取多结瓜。方法是在其中上部适当的节间，用手轻轻扭一下，听到“叭”的一声响为度。

适当间疏幼嫩枝蔓 保留适当的粗壮枝蔓可以提高瓜类蔬菜的结瓜能力。但若幼嫩枝蔓留得太多，会出现争光、争空间、争养分的矛盾，以致于多数枝蔓生长细弱，结果能力和结果质量反而下降。对于生长弱势的茎段可以回缩到生长粗壮的部位，过密的枝蔓即使生长健壮，也要适当疏减，以集中养分供应壮蔓生长和果实膨大。

回缩或梳删老弱枝 一些已经结过瓜且果实已收获的二次枝蔓或三次枝蔓，既消耗养分，又占据棚架等生长空间，可以回缩到茎叶强壮粗大的茎段，让留下的茎节重新发蔓。如果整条枝蔓都很瘦弱，结果后可以梳删掉。一些长期批垂于棚架之下的枝蔓，由于养分与供应的劣势，一般生长差，可以梳删。

去除老叶、病叶 不断地去掉老叶不仅可以减少养分的无谓消耗，而且还可以腾出空间，增加透光率，从而提高光合效率。病叶是病害再侵染的主要来源，要彻底摘除，并拿出田外烧毁，以减轻病害发生。

拔掉病亡植株 夏季雨水较多，田间易渍水，土壤缺氧，有可能出现病株，应及时拔出，并在病株蔸部施用熟石灰杀菌，防止病菌继续扩散。对于未发病的植株，可用绿乳酮或可杀得等农药的稀释液灌蔸。

45. 蔬菜栽培起垄要适当

起垄栽培因能提高地温，增加土壤透气性，促进蔬菜根系生长发育，近年来被菜农广泛采用。可在蔬菜起垄栽培中，垄究竟多高合适，菜农大多都茫然。因此，在生产中往往会出现起的垄过高或过低的问题。

有的菜农认为垄越高越好，个别菜农甚至将垄设置在40～60厘米。这种做法是错误的。垄过高时，虽然能显著提高地温和土壤的透气性，但浇水却成了问题。浇水过少，则水淹不到垄上，不能保证蔬菜正常生长所需要的水分；浇水过多，则田间积水时间长，容易造成蔬菜烂根死棵。而垄过低时，浇水稍多就会漫过垄顶，把垄顶灌实，使起垄栽培增强土壤透气性的作用失去意义。可见，垄过高或过低都对蔬菜生产不利。因此,要想使起垄栽培真正发挥其应有的效果,则垄高设置要合理。

那么在起垄栽培中垄多高才最合理呢?一般情况下,垄高以25厘米左右较为合适。若大棚内地面向南流水不是很顺时,可将垄高增至30厘米,以防垄沟内水面漫过垄顶;若大棚内地面向南流水很顺时,可将垄高降至20厘米,以防垄沟内水淹不到垄顶,造成垄面过于干旱,影响蔬菜生长。总之,应掌握的标准是浇水时水深应达到垄高度的2/3处,这样起垄栽培才能发挥出应有的效果。

46. 叶类蔬菜栽培技术

叶类蔬菜是指以柔嫩的叶片、叶柄或茎部供食用的一大类蔬菜的总称。叶类蔬菜富含各种维生素和矿物质,深受消费者喜爱。但由于叶类蔬菜不耐运输,保鲜困难,靠外调很难解决夏秋高温干旱季节叶类蔬菜供应短缺的矛盾,而且叶类蔬菜普遍喜欢冷凉环境,在高温干旱条件下栽培难度较大。为此,特提出栽培要点如下:

品种选择 叶类蔬菜种类很多,主要包括散叶白菜、结球白菜、结球甘蓝、莴笋、芹菜、木耳菜等。散白菜选用"早熟5号",大白菜选用"日本夏阳""韩国春秋王",莴笋选用"科光1号""双尖""特耐热二白皮""科兴三号",菠菜选择"荷兰比久5号""香港多利牌全能菠菜""华波1号",芹菜选用"意大利夏芹""美国西芹"等。

适期播种 一般选在7月至9月上中旬进行播种。

苗床准备 苗床应选阴凉、湿润、灌溉方便的地方。苗床深翻,清除四周杂草,普施有机肥和石灰,炕土5~10天,整细耙平,即可播种。

低温催芽 莴笋、芹菜等种子在高温条件下发芽困难,必须进行催芽。催芽时,应先将种子浸泡6~8小时,然后用湿纱布包好,放入冰箱冷藏室内,保持温度在15℃左右。也可将种子吊挂在深井里,离水面10~20厘米处;水白菜、瓢儿白或大白菜催芽时,应先将种子浸泡3~4小时,然后用纱布包好保湿。催芽期间,每天用清水洗种1次,待80%种子露白后即可取出播种。

适时播种 播种前苗床应浇足底水,适当稀播,莴笋一般1米^{2}苗床播种5~10克,水白菜每公顷苗床播种1 000~3 000克,大白菜每公顷苗床播种1 000~3 000克。播种后,应盖0.5厘米厚"石谷子"或细土,然后再盖遮阳网或稻草,以利保水降温,防暴雨。出苗前应每天喷水1次,种子出土60%后,及时揭去地表覆盖物,搭棚遮阳。

苗期管理 盖遮阳网或草帘的育苗棚,每天上午8时盖,下午5时揭开。温度过高时,可往竹帘或遮阳网上喷水降温。苗期要除草、间苗1～2次。苗期注意防治猝倒病,以75%的百菌清可湿性粉剂800倍液或70%百德富可湿性粉剂500～700倍液、58%雷多米尔可湿性粉剂500倍液喷淋防治。常施腐熟清粪水,促进生长。

整土施肥 每公顷有机肥2 500千克,复合肥50～75千克,中耕混匀,做成沟深25.0厘米,宽1.3厘米的厢。

47. 蔬菜夏季育苗把好"三关"

俗话说,"冬有芽难出,夏有苗难成"。如何搞好夏季蔬菜育苗,促进全年蔬菜增产,农民增收,在夏季育苗中要抓好选用好良种、搞好种子消毒、选好育苗床,要求排灌方便,下足底肥,土壤消毒外,重点把好"三关":

把好墒情关 要求墒足、匀播,促苗齐、苗壮。夏季育苗由于温度较高,苗床墒情易损失,要在厢面浇足水,厢内有明水溢出为度。一般种子要求多遍撒播,个别调整,对贵重的种子要求在播前整好厢面用菜耙子纵耙、横耙后再浇水,浇足水后,将种子播入耙出的十字架中,每个十字一粒种,播好后盖好盖子肥,以利于保墒出苗。

把好阳光晒、暴雨冲刷关 要求搭棚遮阳防暴雨。夏季蔬菜育苗温度较高,暴雨较多,在种子播入苗床后,必须在苗床上搭一米高左右的阴棚,成屋架式,架上覆膜,膜上压玉米秆或树枝,防阳光直射和暴雨冲刷,以免将种芽晒死或冲入泥土中造成出苗难。

把好病虫防治关 要求在苗出土后,注意防治叶跳跳甲、蚜虫、菜青虫、小地老虎。病害重点防治苗期病害等。

48. 夏季高温应培育蔬菜壮苗

夏季高温季节主要育苗蔬菜有花椰菜、大白菜,延晚栽培的番茄、茄子、甜椒,还有晚甘蓝、芹菜、芥菜、莴笋等。

夏季高温多雨,有的年份也会出现严重干旱,且病害多,这是培育壮苗的主要障碍。在育苗时应采取以下措施加以克服,以保障秧苗正常生长及秧苗质量。

防止高温危害 高温不利于一些蔬菜秧苗生长,为防止高温危害可采取下列措施:在苗床上撒一些节短的玉米秸、麦秸;用遮阳网覆盖苗床,也可用竹帘、芦苇帘等搭成遮阳棚；在高棵蔬菜下播种育苗等。而且要选择通风良好的地块做苗床。通过上述办法可使温度下降，透光率降低，利于菜苗出土和生长。

防止暴雨为害 夏季暴雨一方面使土壤板结，不利于种子发芽出土，另一方面易造成涝灾。可采取以下措施：选择高地建造苗床。苗床四周要排水通畅，遇暴雨及时排除积水；采用临时覆盖减轻暴雨为害；播种后如遇暴雨种子未萌动时，雨后应在苗床上浅耙，防止土面板结等。

防止高温干旱 有些年份或地区夏季育苗时遇到干旱，可采取以下措施防止其危害：在苗床浇足底水后播种；播种覆土后采取镇压土面的办法保墒；在早晨或晚上往苗床"漂水"；借墒播种，即开穴点播，第一穴播后暂时不覆土，在挖第二穴时，将从中挖出的湿土作为第一穴覆土等。

防止病毒病为害 高温情况下有些蔬菜病毒病十分严重，可采取如下措施降低苗床温度预防病毒病发生：用清水浸泡 4 小时，捞出后再放入 10%的磷酸三钠液中浸种，然后用清水漂洗干净；防番茄苗徒长。如番茄在 5 叶、7 叶期用 40%～50%的矮壮素 1 000 倍液各喷一次，可使幼苗粗壮、叶色浓绿、叶片增厚。促进花芽分化。

防止秧苗徒长 高温季节育苗时有的蔬菜秧苗极易徒长，如番茄、黄瓜等，浇水量一般不宜过大，在傍晚或早晨用喷壶洒水，切忌大水漫灌；扩大秧苗营养面积或及时分苗或间苗。

49. 夏季蔬菜禁忌中午浇水

夏季蔬菜管理在一定程度上，浇水直接决定蔬菜的长势、产量及品质。夏季温度高，土壤和植株蒸腾水分快，易干旱，影响蔬菜生长并诱发病毒，但若浇水不当，亦会导致生理性病害的发生。夏季浇水具体应注意以下几点：

不要中午浇水 有些菜农认为，中午浇水温度最高，此时浇水正好给蔬菜降温消暑，其实不然，中午浇水很容易导致蔬菜根系遇冷水刺激后出现炸根现象，从而造成蔬菜大幅度减产，因此，浇水要在早晨 10 点以后进行，既能达到降温的效果。又不至于对蔬菜根系造成损害。

不要大水漫灌 很多菜农认为夏季温度高，浇水时应大水漫灌，大行小行一起浇，这样可起到降温和确保水分供应作用，利于蔬菜生长，然而，却不知大水漫灌田间易积水，根系在无氧的环境下呼吸受到抑制，容易发生沤根、根系腐烂、叶片变黄，严重影响果实产量，甚至导致整棵植株死亡。尤其是怕涝的辣椒、番茄等作物。

所以,即使是夏天,浇水量也不能过大。为避免大沟一侧的根系缺水,最好大小行交替浇水。

不要忽干忽湿 茄果类、瓜类蔬菜结果期,忽干忽湿易裂果,这是因为土壤干旱缺水时果实的膨大受到抑制,一旦浇水过多,果实迅速吸水,膨果速度加快,尤其是果肉部分吸水量大,果皮生长速度相对过慢,这样就很容易发生裂果,这种现象在番茄和瓜类作物上尤为明显。

50. 秋栽蔬菜要掌握好时机

品种选择 秋播蔬菜前期高温多雨,后期生长阶段又适逢低温干旱,因此,秋播的水萝卜、胡萝卜、大白菜、芸豆、甘蓝等品种应选择适应性广,耐寒、抗病高产的栽培品种。

掌握播种时间 秋播蔬菜播种期应严格选择,避免播种过早或过迟,大暑前后开始种植胡萝卜;立秋前后种植水萝卜、大白菜、芸豆,播种过早易出现落花、落荚现象,播种过晚则产量过低,播种可在小暑至立秋之间直播。

注意排水防涝 秋播蔬菜易出现苗期多雨天气,因而秋播蔬菜苗期应注意排水防涝,整地时可采取高畦或高垄栽培。

及时防治病虫害 秋播蔬菜苗期正处在小菜蛾、棉铃虫、褐斑病发生的高峰期,遇虫害可采用高效低度的无公害农药——抑太保、绿菜宝、高氯马喷雾防治。遇病害可采用农用链霉素、霜疫力克、杜邦克露等混合喷雾防治,一般 10 天防治 1 次,连防 2～3 次,采收前 7～10 天停止用药。

51. 秋延蔬菜怎么浇缓苗水

秋延茄果类蔬菜,主要有番茄、茄子、辣椒、甜椒等种类。这类秋延蔬菜,在北方地区,一般在 8 月下旬至 9 月中旬定植。由于定植期间气温较高,降雨偏多,定植后的菜苗易出现旺长。

在生产中,不少菜农为了促进定植蔬菜尽快恢复生长,对定植缓苗水实行大水漫灌,结果适得其反,既增加了浇水成本,又导致菜苗旺长。特别是大水漫灌后又遇大雨,更使蔬菜“雪上加霜”。若补救措施跟不上,更易造成幼苗因土壤湿度过大而烂根死亡。旺长植株的表现是地面上部分茎根细长,叶薄、茎秆柔嫩、根系浅,其抗病性能降低,易倒伏。直接影响壮苗早发和产量品质的提高。因此,浇好定苗水,是确保秋延类茄果类蔬菜高产优质的一项主要措施。

茄果类蔬菜，一般采用起垄宽窄行栽培，或平地开沟浇水定植后再起垄，虽然定植的方式不同，但定植缓苗水时都不要大水漫灌。进行宽窄行栽培的，应在定植当天小水浇小沟，水量以接上底墒为宜；过 4～6 天再在大沟内浇第二次缓苗水，比第一次增加水量，但仍不要大水漫灌，水量达到大沟深度的 2/3 即可。浇水后适时中耕松土，既能破除土壤板结，消灭杂草，保墒防旱，促进根系下扎，又能促进肥料的分解吸收。第一次缓苗水的 2～3 天，进行一次浅中耕，深度 3 厘米左右；第二次浇缓苗水后，再进行第二次中耕松土，深度以不伤根为原则，一般深 4～6 厘米为宜。这两次缓苗水过后，直到第一果穗坐住前，一般不需再浇水，这样即可满足蔬菜前期对水分的需要，确保菜苗健壮生长，为蔬菜高产优质奠定基础。

52. 反季节蔬菜施肥技术要领

所谓反季节蔬菜，就是避开蔬菜的正常栽培季节和市场供应期，采用特殊的栽培技术种植蔬菜的方法。如将秋季栽培的白菜、花椰菜等耐阴蔬菜通过覆盖遮阳网遮阳、降温，安排在夏秋季种植；春夏种植的空心菜、茄类、瓜类等蔬菜通过温室或塑料大棚栽植，四季供应市场，从而提高种菜的经济效益。因是反季节蔬菜，在肥料使用上有其一定要求。

重施有机肥 选择充分腐熟的有机肥提早在盖棚前 1 个月作基肥施下，施入棚室土壤中，施用量一般为蔬菜大田栽培的 1～1.5 倍。即每亩棚室土壤施入优质有机肥 5 000～7 500 千克；若没有优质农家肥，也可亩施进口复合肥。结合翻耕整地将肥料施下，通过增施有机质，加厚耕作层，使土肥相融，为蔬菜生长提供充足的养分。并根据不同的反季蔬菜 ，确定所施肥料的合理氮、磷、钾配比，根据不同种类的蔬菜需要量，适当补施相应的微量元素肥料。

基肥施用鸡粪或饼肥的，应事先充分发酵腐解，并提前施下，严禁在棚室内长期大量堆积有机肥，避免发酵分解出的有毒有害物质伤害蔬菜。尤其是施用鸡粪的特别要注意防止烧根、烧苗。

配合施用化肥 为了避免高盐分危害反季生长的蔬菜，可将有机肥与无机化肥配合施用，但化肥的施用量不能过多，浓度不宜太大。如果棚土水分不足，施肥后，棚土内肥料浓度大，引起蔬菜细胞内水分反渗透，造成蔬菜脱水，往往使蔬菜出现萎蔫。轻者影响蔬菜的正常生长发育，重者造成反季节蔬菜的脱水型肥害而死苗。一般生长期短或以根、茎、叶为收获物的蔬菜，可用 1/3～1/2 的氮肥、全部的磷、钾肥及微肥做基肥。剩下的氮肥做追肥，在蔬菜生长盛期分次施用。而瓜果类的反季节蔬菜可把1/3、2/3磷钾肥分次做追肥施用。也可利用尿素、磷酸二氢钾进行叶面喷施，提高利用率，也可减低化肥直接施入土壤而带来盐分的大量增加。

防止盐害发生 反季蔬菜生长在大棚或温室中，常会因施肥过量，又无自然降水加以淋洗，致使棚室土壤盐分浓度不断上升。因此，在施肥时，一定要采用标准化的施肥方法，确定有机肥与化肥的配比，并尽量拿出一部分肥料做叶面喷施，以减少盐分在土壤中的不断积累。对已发生盐害的地块，可以种植一些耐盐的蔬菜作物，如玉米、菠菜、南瓜、芹菜和花椰菜等，或在棚室休闲期间，利用雨水冲洗或灌水泡土，带走过多的盐类物质。根系入土浅的黄瓜、辣椒、花椰菜、莴笋等喜湿润土壤的反季节蔬菜种植时，棚室的灌水次数和数量可适当增加，既可满足生长需要，又可通过灌水淋融一部分盐分。如果棚室土壤含盐达到0.2%～0.3%，则不宜用化肥做基肥，一般不宜选用含氮化肥和易挥发的氮肥品种，尽量控制硝态氮肥，以提高反季节蔬菜的质量。

53. 蔬菜死苗早预防

春季蔬菜育苗常因天气骤变、管理不当等原因造成幼苗大面积死苗，给菜农带来损失。现将春季蔬菜死苗原因及防治措施介绍如下：

病害死苗 主要由于播种前床土、营养土未消毒或消毒不彻底，出苗后未及时喷药，以及苗床温、湿度管理不当等，引起猝倒病、立枯病的发生。

防治措施：①苗床土消毒，按每平方米苗床用50%多菌灵8～10克或绿亨一号1克，与适量干细土混匀后均匀撒于畦面，翻土拌匀后播种；或配制营养土时，每立方米营养土中加50%多菌灵80～100克或绿亨一号5克，充分混匀后填装营养钵。②幼苗50%～75%出土后，喷施50%多菌灵500倍液杀菌防病，以后7～10天喷一次，适时揭盖草帘和通过换气，防止苗床内湿度、温度过高诱发病害。

药害死苗 苗床土消毒或配制营养土时，用药量过大、播种后床土过干，出苗后喷药浓度过高，易造成药害死苗。

防治措施：苗床消毒或配制营养土时，用药量不要过大，药剂处理后的苗床见干见湿为宜；避免苗床湿度过大，诱发幼苗沤根，所以要及时通风排湿，促进水分蒸发，阴雨天可在苗床上撒施干细土与干草木灰吸湿。

冻害死苗 在寒流、低温来临时，未及时采取有效的防寒措施，导致秧苗受冻死亡。或分苗时机不当，苗床土温过低，幼苗分到苗床 后迟迟不能扎根而造成死苗。

防治措施：①育苗期间，要注意天气变化，在寒流、低温来临时，及时增加覆盖物，并尽量保持干燥，防止被雨、雪淋湿，降低保温效果。有条件的可采取临时加温措施。②合理增加光照，促进光合作用和养分积累，适当控制浇水，提高苗床土温，保证秧苗对土温的要求，提高抗寒能力。

风干死苗 未经通风锻炼的秧苗，长期处于湿度较大的空间，苗床通风时，冷空气直接对流，或突然揭膜放风，以及覆盖物被大风吹开，均会导致苗床内冷热空气变换过猛过频，空气温湿度骤然下降造成柔嫩的叶片失水过多，而引发萎蔫，如果萎蔫过久，叶片不能复原，最后变成绿色干枯，此现象称为风干。

防治措施：苗床通风时，要在避风口的一侧开通风口，通风量应由小到大，使秧苗有一个适应过程，大风天气，注意把覆盖物压严压实，防止被风吹开。

54. 壮苗是蔬菜早熟高产的基础

俗话说："秧好半年禾"，而蔬菜则是"苗好一年菜"。因为大部分蔬菜生育期较短，复种指数较高，又具有特殊的商品性，故壮苗是蔬菜高产优质的基础。

壮苗应具备那些条件呢？①茎秆粗壮。瓜类菜则下胚轴粗短，茎秆坚挺；番茄苗则应长满茸毛。②节间短，茄果类苗子节间较密而短；青菜、甘蓝等则应看不见节间。③叶片大而厚实、叶脉粗壮、叶色浓绿。④根系发达，颜色白，须根多而粗，瓜类苗根系易木栓化、损伤后恢复较慢，移栽前不应超过 6 片叶，以 4 片真叶为宜，春菜苗龄 30 天左右。如西瓜壮苗 4 片真叶时一般可发生 2～3 次侧根，主根长可达 20～30 厘米。⑤无病虫害、无损伤，最好子叶也完好无缺。⑥苗龄要适当。瓜类作物根系受伤后难以恢复，若育苗设施简单，不宜育大苗移栽，以 2～3 片真叶的中小苗或 2 片叶的小苗（营养钵）为好。营养盘育苗以小苗移栽为好。

壮苗同弱苗比较有四个特点：①组织排列紧密、干物质含量高。壮苗碳水化合物和含氮物质较多，为定植后进一步生长提供了充分的物质基础。②有足够的叶面积，同化面积大。为今后过渡到生殖生长，使营养生长与生殖生长协调进行，创造了有利的条件。③根的再生能力强。由于幼苗苗龄适当，生长势强，移栽后能够较快地愈合和发生新根。④组织结构牢。因为壮苗的保护组织和植株的机械组织发达，表皮细胞的角质化程度较高，有些蔬菜的角质层表面形成蜡质层。有利于保护茎叶挺直、减少水分蒸发，防止病菌侵染。

壮苗定植后表现为活棵快，移栽后缓苗时间短，抗逆力强。春季瓜果类蔬菜的壮苗还可以争取季节，适当提早定植。而且，由于壮苗花芽分化良好，花的数目多，定植后开花早，结果多，果实膨大快。因此，壮苗是获得蔬菜早熟高产的物质基础。

55. 蔬菜嫁接育苗注意事项

嫁接育苗是近年来蔬菜上常用的一种方法，可以提高植株抗病能力，提高产量等，操作过程中应注意以下几点：

选择合适砧木　不同砧木的耐旱、耐寒、抗病性等有很大的差异，可以根据栽培目的和方式选择插接、劈接、靠接等。插接和靠接在幼苗破心前后进行，主要用于瓜类蔬菜。

嫁接后管理　嫁接苗床需保持空气相对湿度在90%以上，因此，苗床要浇足底水，并加盖小拱棚。为防止棚内温度过高，应遮阳3～7天。在幼苗心叶不萎蔫或有新叶长出时，苗床可适度通风降温，并逐步增加光照。嫁接8天后才能完全撤除遮蔽物，进入正常管理。

56. 茄果类蔬菜防早衰

茄子、辣椒、番茄等蔬菜常见的早衰症状是，植株萎缩、生长缓慢、叶片变黄、花果晚而少，产量低、品质差，严重时植株过早枯萎死亡。为此，应对症下药，采取有效措施应对。

科学用肥，保证养分需要　茄果类蔬菜是需肥多、耗肥快的作物，所以要施足底肥保证供给，尤其是在幼苗期，开花期、成熟期和果实第一批采收后，都要分次追肥。做到氮、磷、钾和微量元素的相结合施用，对植株恢复生机和提高第二批果实产量以及防治早衰，均有良好的效果。在中后期，也可进行根外追肥。

适时整枝　茄果类蔬菜生长势强，侧枝多，需要在生长旺盛前适时摘心，促进早熟，在第一茬果实采收后，应根据密度，适时摘除顶心和旁心，消除顶端优势，促进植株平衡生长。

防治病虫，健壮生长　茄果类蔬菜生长中、后期，病虫害发生严重，是造成茄果类蔬菜早衰的一个主要因素。加强病虫害防治，可延长茄果类蔬菜的生长期，增加产量。茄果类蔬菜常见病有疫病、白粉病、病毒病、炭疽病、霜霉病、灰霉病、蚜虫、红蜘蛛等，要及时用药防治。但用药时要特别慎重，严禁高毒性残效期长的农药，确保人畜安全。不管治虫还是治病，在收获前按要求天数不能喷药。

及时采收　茄果类蔬菜产量高，生长快，但挂果太多，会造成落花落果，生长后期早衰。及时采收，可以减轻植株负担，减少落花落果。茄子、青椒可在八成熟时收获，番茄可在九成熟时收获为好。红辣椒可在转色至绛红色时收获。

57. 夏季瓜菜防早衰

灌水降温，溶肥促长　在高温季节，应根据土壤情况和瓜菜生长态势，及时进行沟灌或喷灌，借以降低土温、气温和叶温，减轻叶片所遇的高温灼热；同时补充水分和肥料，有利根系吸收。另一方面，做到雨后及时中耕，破除板结，保墒增氮促健长。

适时摘心，促进早熟　辣椒、茄子、番茄在第一期果实采收后，应根据密度，适时摘除顶心和旁心，消除“顶端优势”，促进植株平衡生长，即封行时可打去顶心和旁心，未分行时，则只摘顶心不打旁心。黄瓜、甜瓜、西瓜等当瓜蔓长到25片叶左右时，可进行摘心和剪去中上部的分枝与赘芽，使养分集中运到幼果中去，促其迅速膨大。豆角、刀豆等，应根据品种特性和支架高矮灵活掌握摘心。如是长蔓种和春豆角，可在蔓长到2米左右时摘心。短蔓种和秋豆角则不摘心。摘心时将摘除的病叶和枯叶带出田外，减少病虫滋长。

防治病虫，健壮生长　夏季蔬菜常见病虫害有病毒病、炭疽病、灰霉病、溃烂病和蚜虫、红蜘蛛、烟青虫、棉铃虫等。因为瓜果是人们日常的食品，所以，用药要特别慎重，确保人畜安全。

及时采收，提早上市　蔬菜瓜果适时采收既可丰产丰收，又能增加经济效益。多数瓜果可在八成熟时收获，茄果类、豆角类应在九成熟时收获为好。

58. 越夏蔬菜防止落花落果

近几年来，菜农朋友在越夏茄果类、豆类蔬菜中经常会遇到落花落果、坐果率低、畸形果数量增加的难题，严重影响着蔬菜的产量和品质。

夏季高温是造成蔬菜落花落果的罪魁祸首。在越夏大棚蔬菜种植中，32℃以上的高温是经常出现的。过高的温度能严重影响蔬菜的花芽分化，温度过高使得花粉与柱头的黏着性降低，同时影响着花粉的发芽率以及花粉管的伸长速度，使得授粉受精不良，受精过程紊乱，从而使花果大量脱落并产生大量畸形果。所以，夏季大棚上要覆盖遮阳网或泼泥浆遮阳降温，在不下雨的天气下加强棚室昼夜前后通风。

适宜的空气湿度对正常受精来说非常重要。一般适宜花芽分化的空气湿度为70%～80%。特别是在开花坐果盛期，用喷雾器叶面喷洒清水能提高空气湿度。

硼、磷元素对于促进花芽分化，提高坐果率有重要作用，在开花坐果期，可以叶面喷施硼砂、磷酸二氢钾溶液。在夏季蔬菜结果盛期要增施钾肥，增强植株抗性，提高授粉性能，改善果实品质。

培育适龄壮苗对增强植株抗性，提高坐果率也很关键。苗期的花芽分化直接决定了定植后一至二蓬果的坐果率。现在正处于育苗期的蔬菜，要用遮阳网、防虫网覆盖，降低苗床温度，中后期可以叶面喷洒磷酸二氢钾溶液。夏季气温高，昼夜温差大，幼苗容易徒长，视植株生长情况可及时喷洒助壮素、矮壮素等控制。定植后的蔬菜在高温、长日照的影响下，生长点部位也容易产生大量内源赤霉素，使节间过长，营养生长过旺，生殖生长减弱，导致落花落果。

氮肥施用过量，磷钾肥不足也容易造成落花落果。越夏蔬菜易徒长，前期氮肥要酌量施用，结果后期应控制氮肥使用量，增施磷、钾肥。

59. 蔬菜防高温有对策

高温对蔬菜生长发育的影响是多方面的。通常表现为植株生长缓慢；花芽分化不良、授粉受精受到影响，落花落果及畸形果增多；瓜果类蔬菜易发生日灼病，病部被烈日晒成灰白色或浅白色革质状，组织坏死发硬，后期往往因腐生菌侵染而腐烂。不同作物对高温的耐受力不同。番茄在遇到 30℃的高温时，会使光合强度降低，至 35℃时开花、结果受到抑制，40℃以上时则引起大量花果脱落，而且持续时间越长，花果脱落越严重。果实成熟时遇到 30℃以上高温，茄红素形成减慢，超过 35℃茄红素则难以形成，表面出现绿、红、黄相间的杂色果。马铃薯遇到 26.7～29.4℃以上高温时，块茎停止膨大。防御措施：

选用耐热抗病品种 如番茄可选用毛芬 802、新 L402，樱桃番茄可选用圣女、亚蔬 6 号等。

改进栽培管理方式 合理密植，使茎叶互相遮阳。与高秆作物间作，利用高秆作物为蔬菜遮荫。越夏番茄整枝时，在最上层果穗上留 2～3 片叶，以遮光防晒。甘蓝、花椰菜等结球后，摘取其外围叶片盖在菜球上，避免阳光直晒。瓜类作物结瓜后，可用草上边盖、下边垫，防止出现日灼和烂瓜。

以水降温 夏季高温季节，适时灌水可以改善田间小气候条件，使气温降低 1～3℃，从而减轻高温对花器和光合器官的直接损害。中午“热阵雨”过后，及时用井水串灌降温，可以改善菜田土壤空气状况，增强根系活力，防止蔬菜死苗。

根外追肥 在高温季节，用磷酸二氢钾溶液、过磷酸钙及草木灰浸出液、天达

2116 溶液连续多次进行叶面喷施，既有利于降温增湿，又能够补充蔬菜生长发育必须的水分及营养，但喷洒时必须适当降低喷洒浓度，增加用水量。另外，番茄喷洒 2 000～3 000 毫克/千克比久(B_9)溶液、0.1%硫酸锌或硫酸铜溶液，可提高植株的抗热性，增强抗裂果、抗日灼的能力，用 2,4-D 浸花或涂花，可以防止高温落花和促进子房膨大。

人工遮阳 在菜地上方搭建简易遮阴棚，上面用树枝或作物秸秆覆盖，遮成稀疏的花阴，可使气温下降 3～4℃，并能防止暴雨、冰雹及蚜虫直接危害蔬菜。

60. 蔬菜叶缘发黄应对措施

在蔬菜管理过程中经常遇到叶缘发黄，上卷或者下卷等情况。造成蔬菜叶缘发黄、异常不是由侵染病害造成的，这是一种生理危害。出现这种危害反映了我们在管理过程中存在一些误区，要及时调整管理方法，以免造成更大的危害。主要原因有以下几个方面：

缺钙 钙元素在瓜果蔬菜的生长过程中作用非常大，如果钙元素失调，容易造成中上部叶片叶缘变黄，叶缘下卷，形成降落伞叶。如果缺钙非常严重，在低温栽培过程中，瓜类作物，特别是黄瓜顶部生长点新叶发黄干枯。

防治方法：预防缺钙特别是在高温干旱以及早春、深冬栽培过程中，瓜果蔬菜在结果盛期需要充足的钙肥，建议菜农用螯合钙肥进行叶面喷雾，相比冲施钙肥效果好。当然最好钙硼同补，促进相互吸收。

温度过低或过高 如果棚室温度过低，叶片变脆，同时叶缘也会发黄，也能形成降落伞叶。温度过高，叶缘水分蒸发快，能造成叶缘灼伤而发黄干枯。

防治方法：平衡棚室温度，同时结合叶面喷雾甲壳素、芸薹素等调理剂，最好复配磷酸二氢钾。

土壤环境恶化 连年施用过量的化学肥料，会导致土壤板结，土壤盐渍化，根系发育不良，叶缘会形成镶金边。

防治方法：综合改良土壤，基肥施入充足的有机肥和生物菌肥，改良土壤，注意冲施甲壳素、黄腐酸、海藻酸等生根壮棵肥料。

药害 用药量过大，或者高温用药造成药害都会造成叶缘变黄，严重者为害花果，其中包括烟雾剂的为害。

防治方法：叶面喷雾核苷酸及细胞分裂素来缓解为害。

61. 低温蔬菜育苗防沤根

沤根是蔬菜育苗期的常见病害，低温季节发生尤为严重。蔬菜发生沤根时，根部不发新根或不定根，幼根表皮呈锈褐色腐烂，致使地上部叶片变黄，严重的萎蔫枯死。

沤根原因 ①土壤湿度过大，通气性差，根系缺氧窒息。②低温低，昼夜温差大。作物根系生长的适宜温度一般为20～30℃，若低温长时间低于13℃时，易引起沤根。

防治措施 ①选择透气良好的土壤做苗床，并尽快提高地温。②采用地热线育苗，使苗床温度白天保持在20～25℃，夜间保持在15℃左右。③控制浇水，做到地面不发白不浇水，阴雨天不浇水。④发生轻微沤根时，要通风排湿，也可撒些细干土或草木灰吸湿，并及时提高低温。同时叶面喷施营养液，提高抗逆性。

62. 多雨时节菜田如何防积水

蔬菜根系较浅，短期积水对植株不会造成较大的伤害，长时间积水会对根系造成严重伤害，并由此影响蔬菜的正常生长发育，直至死亡。涝灾发生后要采取以下管理措施：

及时排除积水 菜田淹水后，首先要及时排除田间积水，同时将淤塞的支沟、毛沟进行清理，降低地下水位，以利蔬菜恢复生长，遭遇大面积强降水，开挖和疏通排水沟渠是抗灾防涝的前提。

及时扶苗 要边退水边扶苗，将蔬菜的淤泥清洗干净，使菜叶尽快恢复正常呼吸和光合作用。如退水过快，无水可洗时，可采用喷雾器淋洗。对水淹后东倒西歪的蔬菜，要小心将蔬菜扶正，并培土稳棵，使植株直立生长，以改善菜田的通风透光条件。

及时中耕松土 菜田积水后土壤板结，恶化根系环境，因此，排水后宜及早中耕，以改善土壤通透性，促进根系发育。中耕也有利于散墒，降低土壤湿度。

科学追施肥料 排水后往往造成土壤养分的流失，因此要适当追肥，补充土壤营养。蔬菜受损较轻的，要及早重施肥。配合施用钾肥，提倡施用蔬菜配方专用肥，做到开沟深施。

加强病虫害综合防治 阴雨天气较多，蔬菜易发生病害，要及时采取防治措施。

63. 暴风雨后蔬菜管理措施

7月下旬至8月上旬是主汛期，暴风雨比较频繁，狂风暴雨发生时，会打烂叶片，冲毁菜苗，使蔬菜落花落果；同时，土壤被暴雨拍实，根系被迫进行无氧呼吸，蔬菜的抵抗力大大减弱，易感染各种病害，蔬菜生产严重受损。建议管理措施如下：

尽快排水除渍 应及时对排涝沟渠进行全面清理，尽快排出菜田积水，缩短蔬菜根系受淹时间，以防沤根烂根，并适当培高畦面，挖深排灌沟，以防下一轮大雨来袭。

加强田间管理 一是及时清洁扶正蔬菜。用洁净水将蔬菜茎叶上的污泥冲洗掉，避免影响蔬菜叶片的正常呼吸，最好用井水，不仅可降低土壤温度，还可增加土壤氧气含量，改善植株的呼吸环境；倒伏的植株应及时扶正，减少互相挤压，并适当培土壅根；同时摘除病叶、老叶、烂叶、烂果，以改善通风条件，降低湿度，防止病原滋生。二是及时喷施叶面肥。一般可用0.2％的磷酸二氢钾＋0.5％尿素液，使蔬菜迅速恢复生机。三是及时撒草木灰。降低土壤湿度，增加养分，改善土壤环境。四是及时中耕松土。雨后土壤板结，待土壤稍微干爽即可进行中耕松土，以增强土壤的通透性，促进根系恢复生长。

及时防治病虫害 风雨有利于病原物的传播，加速雨后病虫害的侵染致病，如软腐病、根腐病、疫病等都是雨后高发的病害。防治应注重“以防为主”，抢雨隙及时喷洒一些兼治真菌和细菌的预防保护性杀虫剂，如可杀得等。

及早抢收补种 暴风雨来临时对成熟或即将成熟的蔬菜要及早抢收，从而减少损失。

64. 冬季蔬菜注意防冻保温

秋冬蔬菜在栽培过程中，常伴随低温霜冻的影响，蔬菜不易正常生长，降低蔬菜品质，因此要做好蔬菜防冻保温工作。

加强栽后肥水管理 蔬菜移栽后7天，每亩用沼气液700～1 000千克或腐熟的人畜粪尿700～1 000千克兑水泼施做提苗肥，促进蔬菜正常生长，提高抗寒防冻能力。及时疏通三沟，防止积水造成蔬菜冻害。

增施热性好、透气好肥料。鸡粪是热性肥料，牛粪是透气肥料，增施鸡粪、牛粪，加强蔬菜对土壤的吸热性，十分有利于幼苗的生长发育。

浅中耕防冻保温 秋冬蔬菜成活后进行浅中耕即可破除畦面裂痕，又可控制地下水蒸汽带走热量,达到保墒、保温防冻苗的作用。

喷施叶面肥防冻保温　根据不同的蔬菜品种,及时补充蔬菜所需的钙、硼、铁等微量元素,增加叶肉硬度,提高蔬菜抗寒性,降低低温冻害程度。

撒施草木灰、加盖草毡等覆盖物,日揭夜盖防冻保温。撒施草木灰除能为蔬菜供钾外,对蔬菜防冻保温效果较好,夜间温度在10℃以下时,畦面加盖草毡、地膜等覆盖物可以防冻保温,但要做到日揭夜盖。

65.看看身边的"食品名词"

有机食品　这里所说的有机不是化学上的概念——分子中含碳元素,而是指采取一种有机的耕作和加工方式。有机食品是按照这种方式生产和加工的,产品符合国际或国家有机食品认证机构认证的一切农副产品及其加工品,包括粮食、食用油、菌类、蔬菜、水果、瓜果、干果、奶制品、畜禽产品、蜂蜜、水产品、调料等。

有机食品的主要特点来自于生态良好的有机农业蔬菜体系。有机食品的生产和加工,不使用农药、化肥、化学防腐剂等合成物质,也不用基因工程生物极其产物。

绿色食品　是指产自优良生态环境,按照绿色食品标准生产、实行全程质量控制并获得绿色食品标志使用权的安全、优质食用农产品及相关产品。绿色食品认证依据的是农业部绿色食品行业标准。绿色食品在生产过程中允许使用农药和化肥,但对用量和残留量的规定通常比无公害标准要严格。

无公害农产品　是指产地环境、生产过程和产品质量符合国家有关标准和规范的要求,经认证合格获得认证证书并允许使用无公害农产品标志的未经加工或者初加工的食用农产品。无公害农产品生产过程中允许使用农药和化肥,但不能使用国家禁止使用的高毒、高残留农药。

66.食品添加剂和食品防腐剂

食品添加剂　是有意识地一般以少量添加于食品,以改善食品外观、风味和组织结构或贮存性质的非营养物质。《中华人民共和国食品卫生法》对食品添加剂定义为,为改善食品品质和色、香、味以及为防腐、保鲜和加工工艺的需要而加入食品中的人工合成或者天然物质。食品添加剂具有以下三个特征:一是加入食品中的物质;二是既包括人工合成的物质,也包括天然物质;三是加入到食品的目的是为改善食品品质和色、香、味以及为防腐、保鲜和加工工艺的需要。

食品防腐剂 是能防止由微生物引起的腐败变质，延长食品保藏期的食品添加剂。有防止微生物繁殖引起食物中毒的作用，又称抗微生物剂。我国规定使用的防腐剂有苯甲酸、山梨酸等25种。防腐剂必须严格按《中国食品添加剂使用卫生标准》规定添加，不能超标，防腐剂作为重要的食品添加剂之一，在食品工业中被广泛应用，酱油中一般含有防腐剂苯甲酸钠；面包和豆制品常常添加丙酸钙；酱菜、果酱、调味品和饮料中加入山梨酸钾；葡萄酒等果酒的防腐，传统上用亚硫酸盐等。防腐剂是否有害人体健康、一种含有害物质的食品是否对人体产生危害，主要取决于人体的食用量。国家法律规定允许使用的食品添加剂都是经过严格的安全性评价的。老百姓在正确的使用范围、正确地使用量内合理食用，其安全性是完全可以保障的。

67. 不饱和脂肪酸和反式脂肪酸

不饱和脂肪酸 是构成体内脂肪的一种人体必需的脂肪酸。不饱和脂肪酸的作用有调节血脂、清理血栓、增强人体免疫力、提高视力、补脑健脑、改善关节、缓解疼痛等。红花籽油、核桃油、花生油、大豆油、橄榄油、茶油里都含有不饱和脂肪酸。

反式脂肪酸 是对植物油进行氢化改性过程中产生的一种不饱和脂肪酸，有天然和人工制造两种情况，薄脆饼干、焙烤食品、谷类食品、面包、快餐如炸薯条、炸鱼、洋葱圈、人造黄油等多添加反式脂肪酸。营养专家认为，反式脂肪酸对人体健康有害，容易引起血栓、冠心病、影响青少年生长发育，降低记忆，引发肥胖等。2008年卫生部发布的《中国居民膳食指南》中，单列一小节建议人们远离反式脂肪酸。由于膳食模式不同，我国居民膳食中反式脂肪酸摄入量远低于欧美国家，其所提供能量比例未超过总能量的2%，尚不足以危害机体，但也尽可能少吃富含氢化油脂的食物。

68. 碱性食物和酸性食物

判断食物的酸碱性，并非根据人们的味觉，也不是根据食物溶于水中的化学性，而是根据食物进入人体所生成的最终代谢物的酸碱性而定的。

酸性食物 即食物经过消化最终形成氮、碳、硫、氯、盐等酸根留在体内的食物。如牛、羊、猪、鸡、鸭、米饭、酒、砂糖等。

碱性食物 即含钾、钠、钙、镁等矿物质较多的食物，在体内的最终代谢产物常呈碱性，如海带、柑橘类、柿子、黄瓜、胡萝卜等。

关于酸碱性食物，人们有很多认识误区，首先并不是食物吃起来是酸的就是酸性食物，如山楂、番茄等，这些正是典型的碱性食物。其次，目前有酸性体质易患癌症的说法，但医学上根本没有酸碱体质这一分类，营养学界也否认了食物能调节身体酸碱度这一谬说。

69. 改善土壤让蔬菜根系有活力

大棚蔬菜种植超过4年以上，土壤积盐程度重，对蔬菜生长极为不利，很多大棚黄瓜因土壤性质变劣，使黄瓜根系生长不良，抗逆性降低，当冷空气来时不能忍受长时间阴冷，因而导致了减产。因此，培育健壮的根系是蔬菜提高抗逆性，获得增产的必要手段。而决定蔬菜根系土壤的透气性。只有土壤透气性强，氧气充足，根系的呼吸作用充分，产生较多的能量，根系吸收能力才强，才能长出壮棵，蔬菜的抗逆性才能提高，产量才能增加。如何提高土壤的透气性呢？

首先，增施有机肥，秸秆还田，提高土壤中的有机质含量，是提高土壤透气性的根本措施。土壤有机质是土壤团粒结构组成不可缺少的主体成分。有机质含量高，土壤疏松，透气性好的土壤，作物产量最高，因此，增施有机肥和秸秆还田对改良土壤、提高土壤透气性是十分必要的。

其次，将大水漫灌改为滴灌，合理浇水。传统的沟灌、畦灌等对土壤侵蚀、压实的作用很强，土壤的团粒结构便被破坏，不利于土壤保水保肥性提高。而在大棚蔬菜生长起来后，又覆盖着地膜，中耕松土的难度较大，土壤板结也就无法打破了。滴灌不同于大水漫灌，它慢慢地浸润土壤，对土壤破坏作用小，使用滴灌的大棚土壤更加疏松，透气性更强。

最后，重施生物菌肥，提高微生物活性。由于长时间的连作种植，导致土壤中有害微生物积累，而有益微生物就会减少，容易发生根部病害，使蔬菜不能正常生长。有害微生物的积累对土壤性质有较大的影响。很多有益微生物本身就有改良土壤、提高土壤透气性的作用，在有益微生物繁殖的同时一方面可以疏松土壤，另一方面在分解土壤被固定的营养元素时，也会产生一些促进根系生长的物质，对根系的生长十分有利。因此须通过施用生物菌肥，增加土壤中有益微生物重新占据优势。增加生理活性物质增施有机肥能促进微生物的活动。由于微生物活动的结果，除了增加土壤中的矿物质营养和腐殖质以外，还能产生多种维生素、抗生素、生长素等，具有促进根系发育、刺激作物生长、增强抗病能力的作用。

70. 五大措施提高蔬菜大棚采光率

合理布局 在大棚内种植不同种类的蔬菜时，应遵循“北高南低”的原则，使植株高矮错落有序，尽量减少互相遮挡现象。同一种蔬菜移栽，立秋苗子大小一致，使植株生长整齐，减少株间遮光。同时以南北向做畦定植为好，使之尽量接受阳光。

保持棚膜洁净 棚膜上的水滴、尘土等杂物，会使透光率下降 30%左右。新薄膜在使用 2 天、10 天、15 天后，棚内光照会依次减弱 14%、25%、28%。因此，要经常清扫，冲洗棚面的尘埃、污物和水滴，保持膜面洁净，以增加棚膜的透明度。

合理揭盖草帘 在做好保温工作的前提下，适当提早揭去保温用的草帘和延迟盖帘，可延长光照时间，增加采光量。一般太阳出来后 0.5～1 小时揭帘，太阳落山前半小时再盖帘。特别是在时雨时停的阴雨天里，也要适当揭帘，以充分利用太日的散射光。

选用无滴薄膜 无滴薄膜在产的配方中加入了几种表现活性剂，使水分子与薄膜间的亲合力大大减弱，水滴则沿薄膜面流入地面而无水滴产生。选用无滴薄膜扣棚，可增加棚内的光照强度，提高棚温。设置反光幕用宽 2 米、长 3 米的镀铝膜反光幕，挂在大棚内北侧使之垂直地面，可使地面增光 40%左右，棚温提高 3～4℃。此外，在地面铺设银灰色地膜也能增加植株间的光照强度。

搞好植株整理 及时进行整枝、打杈、绑蔓、打老叶等田间管理，有利于棚内通风透光条件。

阳光是绿色植物进行光合作用的必要条件，在光照时数少、强度低的季节，大棚多采集阳光，对提高蔬菜产量和品质具有重要作用。

71. 棚室蔬菜控长有三法

春季随着气温回升，在肥水充足的情况下，蔬菜极易发生徒长。如果控制不当，易引起植株不发棵，植株生长僵化现象，控长时注意以下问题：

首先，春季蔬菜尽量不要用生长抑制剂控长。春季天气多变，时有倒春寒发生。连续多日天气晴好蔬菜生长较快，如果此时喷了生长抑制剂，一旦出现大降温天气，在低温和生长抑制剂双重作用下，很容易造成蔬菜控长过度。因此，春季蔬菜控长一定要慎用植物生长抑制剂。

其次，采取“三控”措施控制植株徒长要跟着天气变。除喷生长抑制剂外，控制蔬菜徒长还可通过控温、控水、控肥等“三控”措施来达到。而在采取这些措施时，也要根据天气状况有的放矢，以免收到适得其反的效果。如天气突变时，就不要再考虑调温控苗了，而应以保温为主，这样棚室夜间温度尤其是下半夜温度才不至于降得太低，从而致使蔬菜遭受冷害。

最后，合理利用农艺措施。瓜类、豆类、茄果类蔬菜生长过程中，菜农常采用了留根瓜控长的方法，如果留的时间过长，易致使植株让根瓜坠住了棵子，造成植株迟迟不返棵，所以根部果实要适时摘除。

72. 蔬菜长势过旺对策

在夏季高温时期，控制蔬菜长势过旺，防止出现只长秧不坐果的问题，可采取以下五种措施：

适度浇水 在蔬菜生长前期，为防植株旺长，要控温、控水和控肥。尤其是浇水，不能过勤过大，土壤只要不是太干，就尽量控制浇水，以免造成植株旺长，同时喷施新高脂膜粉剂保温保墒，防止气传性病菌侵染。

少施速效氮肥 蔬菜在栽培过程中，特别是结瓜结果期，往往因施氮肥过多，造成长势过旺，落花落果严重。因此建议菜农氮肥用量每亩不要超过20千克。

营养调控 定期用植物生长调节剂适当调节，如丰收1号1 000倍液，或爱多收、云大120等。

锄划断根 当蔬菜植株长势过旺时，可采取锄划法进行控制。一方面可增加土壤透气性，另一方面可使部分根尖断掉，有利于次生根下扎。

以果压棵 对旺长严重的植株要及时喷施促花王3号，抑制蔬菜旺长，促进花芽分化，并注意及时防治病虫害，可喷施针对性药剂加新高脂膜粉剂800倍液进行灭杀。

73. 蔬菜缺素症解决措施

蔬菜黄叶、小叶、落花落果等症状都与缺素有关，并且这种现象呈逐年蔓延的趋势。经专家分析，主要有以下四条原因。

一是环境不良所致。连阴天较多，棚室内蔬菜缺素症越来越多。因为阴天较多，气温偏低，棚内持续低温，导致根系受伤，影响其对养分的吸收，表现缺素症状。另外，连阴天光照不足，导致作物营养不良，碳水化合物不能转化，叶片偏厚偏小，根系(特别是根尖)受伤，变褐色、无新根，若菜农朋友在此期再大肥大水管理，蔬菜沤根现象较多,不能正常吸收营养,蔬菜势必会出现缺素症。此时,喷洒叶面肥是最为有效的解决措施,因为叶面肥用量少、见效快、效益高。

二是施用微量元素不得当所致。有的菜农为了追求高产量,一味地往大棚内大量施入化学肥料,而忽视微量元素的施用,长此以往造成土壤内 N、P、K 普遍偏多,而微量元素不足。有的菜农则过量使用某种微量元素,因为拮抗作用,会抑制根系对其他元素的吸收,从而表现缺素症状。

三是棚内土壤溶液浓度过高所致。因菜农常年大量使用化学肥料,导致土壤溶液浓度过高,植株根系发育不良,不能吸收充足的营养供应植株生长,植株表现缺素。

四是不少菜农对缺素症了解甚少,防治不恰当。有些菜农看到蔬菜叶片发黄,就认为肥料使用量不够,从而再冲施大量化肥,结果往往是适得其反。殊不知,蔬菜黄叶最主要的一个原因就是缺锌、镁等元素。而如果不了解缺素症状,盲目用药、冲肥,结果导致蔬菜缺素症越来越厉害。所以应对菜农多加指导,使之分清各种缺素症状。

74. 蔬菜潜叶蝇的发生与防治

潜叶蝇属于双翅目,分很多科、种等。寄主主要有叶菜类、瓜果类、豆类等,主要为害特点是:幼虫潜叶为害,蛀食叶肉留下上下表皮,形成曲折隧道,影响蔬菜生长。一般在叶端内有 1～2 头蛆及虫粪,使蔬菜失去商品价值及食用价值。该虫在找不到合适寄主时,可在粪肥及腐殖质上完成发育。预防及防治措施为:综合运用农业技术措施,大力发展生物防治技术,科学实行物理防制措施,严格控制化学防治措施,执行无公害生产技术操作规程:

(1)要施用充分腐熟的粪肥,避免使用未经发酵腐熟的粪肥,特别是厩肥。

(2)由于潜叶蝇成虫对黄色具有趋性,因此可采用黄板进行诱杀。

(3)由于潜叶蝇为害盛期为幼虫期,所以用药必须抓住产卵盛期至卵孵化初期的关键时刻,此时期也是害虫的抗药性最低的时期,通常采用的药剂有:可喷施 40%绿菜宝 1 000 倍液,或喷施 21%灭杀毙乳油 3 000 倍液。遵循农药的使用原则,正确选择农药品种,严禁使用高毒、高残留农药,农药用量、稀释倍数、施药方法及安全间隔期等方面执行国家环保局发布的“农药安全使用标准”。

75. 育苗基质有哪些

目前育苗基质种类主要分为有机基质和无机基质两大类,其中有机基质主要包括：碳化稻壳、草炭、锯木屑、秸秆、菇渣、树皮、甘蔗渣、芦苇末、谷秸、苜蓿、稻草、牛粪、猪粪等；无机基质主要包括：细沙、岩棉、陶粒、蛭石、炉渣、珍珠岩、聚苯乙烯珠粒等。

草炭　采用东北大型草炭矿，该原料矿层深厚，有机质、腐殖酸含量高，无毒无菌无虫害。本产品使用中国农科院土壤研究所研究成果，生产的长效育苗基质养分含量更均匀，缓释时间更长。

蛭石　蛭石是硅酸盐材料经高温加热后形成的云母状物质。其在加热过程中水分迅速失去，并膨胀，膨胀后的体积相当于原来体积的8～20倍。从而使该物质增加了通气孔隙和保水能力。

蛭石容重为130～180千克/米^3，呈中性至碱性(pH 7～9)。每立方米蛭石能吸收500～650升的水。经蒸气消毒后能释放出适量的钾、钙、镁。

蛭石其主要作用是增加土壤(介质)的通气性和保水性。因其易碎，随着使用时间的延长，容易使介质致密而失去通气性和保水性，所以粗的蛭石比细的使用时间长，且效果好。因此，园艺用蛭石应选择较粗的薄片状蛭石，即使是细小种子的播种介质和作为播种的覆盖物，都是以较粗的为好。

珍珠岩　与蛭石相抗衡的便是珍珠岩。珍珠岩是一种火山喷发的酸性熔岩，经急剧冷却而成的玻璃质岩石，因其具有珍珠裂隙结构而得名。一些较大颗粒珍珠岩逐渐被用于蔬菜育苗中，作为育苗土的必备成分，以增加营养基质的透气性和吸水性。

由于育苗基质的原材料里面有大部分草炭，所以普通的育苗基质会出现长草的情况，不过育苗专家已经找到了很多比较好的原材料，比如木薯渣、醋糟、椰子壳、菇渣等，育苗基质已经发展到了很高的成度，育苗基质里面添加了有益于植物生长的微生物菌等，大大提高了植物的出苗率及成活率。

已经出现了很多专用的育苗基质，一些厂家根据不同植物的特性生产了对应的育苗基质，比如：西瓜育苗基质、辣椒育苗基质、棉花育苗基质等。

76. 几种基质的配制方案

育苗是蔬菜栽培中最重要的工作，育苗基质的质量直接决定着育苗质量的高低，由于育苗基质配方不合理，常常出现幼苗成苗率低，质量差。下面绍几个育苗基质配方，供大家参考。

育苗基质最常用的配方　泥炭、珍珠岩、园艺蛭石(按体积)1∶1∶1进行混配。

农村自制常用的育苗基质配方 腐熟的鸡粪、腐熟的牛粪、细土(按体积)1∶1∶1的比例混配。

下面推荐几种配制方案。

①泥炭+园艺蛭石+珍珠岩5∶2.5∶2.5(按体积)混配,主要用于高持水量的盆花和观赏植物。

②泥炭、珍珠岩、蛭石按1∶1∶1混配,主用于耐旱和低持水量盆花和观赏植物。

③ 适合于夏季育苗的基质配制:草炭∶蛭石∶珍珠岩= 2∶1∶1。

④适于番茄育苗:草炭、蛭石、炉渣、珍珠岩按照2∶2∶5∶1的比例混合。

⑤适于西瓜育苗:草炭、蛭石、炉渣、珍珠岩按照4∶3∶1∶2的比例混合。

⑥非常适于黄瓜育苗:草炭、炉渣按照1∶1的比例混合。

⑦适于茄子、辣椒育苗:草炭、蛭石、草炭按1∶1∶1的比例混合,每立方米基质加入2千克磷酸二氢钾和2千克高温膨化鸡粪做基肥。

特别提醒:进口草炭没有特别说明不需添加任何肥料,只需按比例混合均匀后喷水至其含水量达到60%即可。国产草炭随水喷洒1 000倍多菌灵液,使含水量达到60%,并用薄膜覆盖3~4天后使用。

附录　禁止和限制使用农药名录

一、禁止使用的 41 种农药

六六六、滴滴涕、毒杀芬、二溴氯丙烷、杀虫脒、二溴乙烷、除草醚、艾氏剂、狄氏剂、汞制剂、砷类、铅类、敌枯双、氟乙酰胺、甘氟、毒鼠强、氟乙酸钠、毒鼠硅、甲胺磷、甲基对硫磷、对硫磷、久效磷、磷胺、苯线磷、地虫硫磷、甲基硫环磷、磷化钙、磷化镁、磷化锌、硫线磷、蝇毒磷、治螟磷、特丁硫磷、氯磺隆、福美胂、福美甲胂、胺苯磺隆、甲磺隆	
三氯杀螨醇	自 2018 年 10 月 1 日起禁止使用
硫丹	自 2019 年 3 月 26 日起，禁止含硫丹产品在农业上使用
溴甲烷	自 2019 年 1 月 1 日起，禁止含溴甲烷产品在农业上使用

二、在部分范围禁止使用的 23 种农药

中文通用名	禁止使用范围
甲拌磷、甲基异柳磷、内吸磷、克百威、涕灭威、灭线磷、硫环磷、氯唑磷、水胺硫磷、灭多威、氧乐果、硫丹	禁止在蔬菜、瓜果、茶叶、菌类、中草药材上使用，禁止用于防治卫生害虫。
三氯杀螨醇、氰戊菊酯	禁止在茶树上使用。
丁酰肼(比久)	禁止在花生上使用。
氟虫腈	除卫生用、玉米等部分旱田种子包衣剂以外，禁止在其他方面的使用。
杀扑磷	禁止在柑橘树上使用。
毒死蜱、三唑磷	禁止在蔬菜上使用。
氟苯虫酰胺	自 2018 年 10 月 1 日起，禁止在水稻上使用。

续表

中文通用名	禁止使用范围
克百威、甲拌磷、甲基异柳磷	自 2018 年 10 月 1 日起，禁止在甘蔗作物上使用。
乙酰甲胺磷、丁硫克百威、乐果	自 2019 年 8 月 1 日起，禁止在蔬菜、瓜果、茶叶、菌类和中草药材作物上使用。

三、百草枯水剂：自 2016 年 7 月 1 日起停止在国内销售和使用。

四、按照《农药管理条例》规定，任何农药产品使用都不得超出农药登记批准的使用范围。剧毒、高毒农药不得用于防治卫生害虫，不得用于蔬菜、瓜果、茶叶、菌类、中草药材的生产，不得用于水生植物的病虫害防治。